U0278027

.

温旭 极地未来／著

极地大探险

JIDI DA TANXIAN DUBU NANJI

独步南极

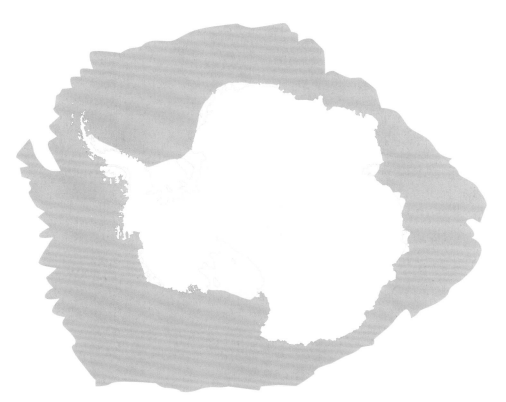

中国少年儿童新闻出版总社
中国少年儿童出版社

北 京

图书在版编目（ＣＩＰ）数据

极地大探险：独步南极 ／ 温旭，极地未来著 . ——
北京 ：中国少年儿童出版社，2022.3（2022.5 重印）
ISBN 978-7-5148-7329-0

Ⅰ．①极… Ⅱ．①温… ②极… Ⅲ．①南极－探险
Ⅳ．① N816.61

中国版本图书馆 CIP 数据核字 (2022) 第 022749 号

DUBU NANJI
（极地大探险）

出版发行：中国少年儿童新闻出版总社
中国少年儿童出版社

出 版 人：孙 柱
执行出版人：赵恒峰

策划编辑：王荣伟	著：温 旭 极地未来
责任编辑：万 顿	插 图：姜大海
美术编辑：王红艳	审 读：李 伟
责任校对：吴科锐	责任印务：刘 澈

社 址：北京市朝阳区建国门外大街丙 12 号　　　　邮政编码：100022
编 辑 部：010-57526702　　　　　　　　总 编 室：010-57526070
发 行 部：010-57526568　　　　　　　　官方网址：www.ccppg.cn
印刷：北京盛通印刷股份有限公司

开本：889mm×1194mm　　1/16　　　　　　　印张：13.25
版次：2022 年 3 月第 1 版　　　　　　印次：2022 年 5 月北京第 2 次印刷
字数：250 千字

ISBN 978-7-5148-7329-0　　　　　　　　　　定价：128.00 元

图书出版质量投诉电话 010-57526069，电子邮箱：cbzlts@ccppg.com.cn

一天，一地，一人

58 个日日"夜夜"，185 千克的行装，1500 千米的路程……

独步南极，这是个奇迹

谨以此书献给胸怀梦想、心系自然的你

序　言

　　2022年，北京冬奥会与冬残奥会成功举办，来自全球的奥运健儿在赛场上以自强不息、拼搏进取的方式彰显了"更快、更高、更强、更团结"的奥林匹克精神，诠释了人类不断追求卓越、挑战自我的精神内涵。在防范和应对新冠肺炎疫情等风险挑战的同时，北京冬奥会向全世界展示了冰雪运动的独特魅力，留下了众多振奋人心的故事，为推动全球团结合作、共克时艰发挥了重要作用，也为动荡不安的世界带来了信心和希望，向世界发出了"一起向未来"的时代强音。

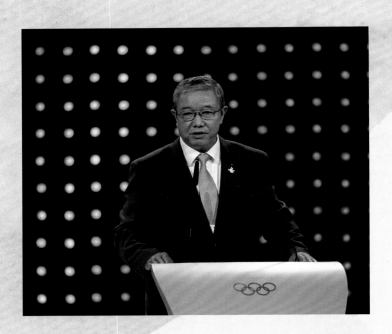

　　看着奥运健儿在冰雪赛场里拼搏，我联想到了一个在南极的冰天雪地里踽踽独行的身影，他就是中国青年科学探险者温旭。温旭的身边没有同行的队友，脚下没有铺设好的赛道，四周只有混沌的白色天地。南极就像大自然的一座竞技场，环境十分恶劣。在探险的过程中，温旭不仅要与自然拼搏，也在和自己较劲。极寒的天气、暴虐的风雪让整个挑战困难重重，孤独不断侵蚀他的内心，艰难险阻考验着他的意志力。虽然险象环生，但温旭与冰雪赛场里的运动员一样，为了实现理想勇往直前、追求卓越、突破自我。

气候变化关乎全人类的命运，而温旭决心用自己的行动呼吁更多公众关注气候变化，这种信念也彰显了奥林匹克追求和平的精神。他用这种精神，让人类在气候变化面前紧紧团结在一起，凝聚成了振奋人心的磅礴力量。

奥林匹克精神不仅是体育精神，也是一种人生态度和哲学。温旭在没有对手的南极竞技场里突破了自我，体现了"更快、更高、更强、更团结"的奥林匹克精神内涵。我们每个人在面对疫情、面对生活，以及应对气候变化的挑战时，用坚定信心追求美好未来，这也是对奥林匹克精神最好的诠释与传承。

国际奥委会副主席、北京2022年冬奥会和冬残奥会组织委员会副主席

于再清

序　言

　　仔细拜读了温旭的《极地大探险·独步南极》，颇感欣慰。我国青年一代中有这样优秀的探险家，有这样优秀的科普作者，可见我国科学探险界后继有人，更希望"青出于蓝而胜于蓝"！

　　我曾经拜读过一些国内外的探险科普书，也为一些探险科普书写过序，尽管也从中有某些启迪，但那些书与这本由青年人撰写的科普书相比，还是略有逊色。

　　探险或科学探险科普书，首先应该有服务于社会的一定目的，那就是为什么要去探险或科学探险。本书开宗明义——前往冰川资源更丰富的南极，用科学探险的方式引导更多人关注气候变化。作者明确提出了"＜2 ℃计划"，呼吁人类尽可能地实现联合国2016年签订的《巴黎协定》中关于"努力控制全球气温上升幅度小于2摄氏度"的目标，以保护地球上的冰川和环境。

　　这是一个相当有意义的服务于社会的目的。试想，如果世界上大多数国家、大多数人都能够为实现《巴黎协定》的目标而奋斗，对于保护全球气候环境必将起到强有力的推进作用。

　　此外，本书明确告诉读者，作者在独步南极中要有计划地采集穿越途中的冰雪样品，为科学家提供分析研究南极冰雪环境的原始科学资料。这也是作者独步南极服务于社会的目的之一。

　　有了明确的服务于社会的科学探险目的，这就为作者的此次独步南极科学探险赋予了"生命力"。

　　如何能够实现上述服务于社会的目的？这是科普书要向读者回答的第二个问题，也就是"独步南极"的科学方法与知识积累是什么。

　　作者朴素地回答了上述问题。独步南极，必须具备多方面的探险实践，诸如，攀登冰雪覆盖的山峰、徒步冰雪世界的探险实践，以及跟随科学家的冰雪科学考察等。作者先后攀登过国内外雪山30余座，包括珠穆朗玛峰；曾经滑雪到达北极点、穿越格陵兰冰盖；曾经参加中国科学院青藏高原研究所的阿尼玛卿冰川考察、珠穆朗玛峰测量冰雪厚度考察等。这些探险实践与科学实践使他收获了经验和知识，为他奠定了独步南极的探险基础。

当然，科学知识是无穷无尽的，任何事业都是继承发展的。作者在认真学习我国科学探险前辈秦大河先生不怕牺牲穿越南极的精神和采集冰雪样品的科学方法的基础上，还拜会了世界上一些优秀的单人穿越极地的探险界前辈，向前辈学习单人穿越南极的知识和实践经验，制定比较适合自己的穿越计划。

然而，由于南极特殊的自然环境，尤其是特殊的气候条件，往往会出现预料之外的情况。例如，暴风雪出现的时段，长途运输的不测，等等。穿越者必须根据实际情况随时修正自己的穿越计划。作者与有关方面交流并认真权衡之后，毅然改变原来的穿越南极计划，执行独步南极点目标，并安全圆满完成。

作者在前往南极点的过程中，邂逅了一名同样在进行挑战的德国女探险家。这位女探险家为了宣传女性在与大自然亲近中的重要性，力图超越作者，首先到达南极点。但是，作者发现这位女探险家的体力和技能远远不如自己，主动建议"共同到达南极点"，并多次等候对方。他的言行感动了这位德国女探险家，两人并肩前进，一起到达了南极点。他（她）们携手并进的行为给独步探险者树立了良好的榜样，更为年青一代的户外探险者们宣传了科学探险精神的要旨：竞赛甚于竞争，竞赛蕴含友谊，人与人和谐共处是人与自然和谐共存的前提！

衷心希望我国青少年学习科学探险家们的科学探险精神与思想方法，热爱大自然，走进大自然，认识大自然，在认识大自然中逐渐认识自我，为人与人、人与自然的和谐共处、和谐发展贡献自己的力量。

中国科学院大气物理研究所研究员、中国科学探险协会名誉主席　高登义

自　　序

　　青少年时期的见闻和经历会影响一生。

　　我从小热爱自然，读了很多关于自然探索的书，16岁便攀登了人生中的第一座雪山，大学期间还组建了登山队。大学刚毕业时，我有些迷茫，但探索自然的冲动从未减弱。经过一番周折，我找到了方向——结合自己的登山特长，从事冰川科学研究。后来，在一次科考行动中，我意外掉入冰湖，虽然成功脱险，但我的心底一下子产生了危机感——气候变化对环境和人类的影响实在太大了。于是，我开始了自己的"气候行动"。从那时起，登山探险和科学研究不再是一个人、一个团队的事，我希望能通过努力唤起更多人对于环境的重视。

　　对自然的热爱在我人生的每个重要节点都起到了关键作用，大自然是我最重要的老师。我总是自发地去学习知识，以便有进一步探索自然的能力。在自然中释放天性的同时，我收获了强壮的体格、健康的心理，即使面对超乎寻常的困难和挑战，也依旧自信、乐观、敢于承担、乐于奉献。大自然对每一个人都是平等的，只要你尊重它、热爱它，它从不吝啬给予。

　　这本书的故事主线是我在南极大陆的一次科学探险。我创造了单人无助力无补给抵达南极点最长路线的世界纪录，但我更愿意说，这是我和极致自然的一次深入互动——拖着185千克的物资，踩着越野滑雪板，从南极海岸伯克纳岛最北端出发，穿过龙尼冰架，翻越横贯南极山脉，登上南极大陆，最终抵达南极点，全程近1500千米。58天的时间里，周围没有亲朋好友，没有繁华喧闹，那片孤寂的大陆上仿佛只有我自己，让我深深感受到了大自然的脉搏，也收获了很多珍贵的感悟。

这样与大自然互动看起来神奇而令人着迷，可当时的我却经历着自己所有探险体验中最困难、最煎熬的一次。沉重的物资、丢失的羽绒服、损坏的帐篷、松软的积雪、糟糕的天气……除了这些令人发狂的东西，我也在不断挑战着自己的体能极限。我每天要行进12小时以上，有的时候脱下滑雪板连走路的力气都没有，只能跪着、爬着扎好帐篷。连续半个多月的坏天气使我看不到太阳，在无尽的孤独之中，我经历了12级大风，眼前的颜色只有白色，心理承受着巨大的压力。

　　人的一生中，格外需要锻炼面对逆境的能力，经历艰难困苦后，如何爬起来继续前进，这是个很重要的课题。我第一次攀登雪山时，在距离顶峰还有50米时选择了放弃，因为我认为当时准备得不够充分。而为了南极的科学探险，我整整准备了两年，从体能、技术、食物补给，再到对南极大陆地形、气候的研究，甚至连穿的衣服都自己设计，毕竟每多一分准备，就能多一分完成挑战的勇气和信心。经历过的失败，信念上的坚持，以及背后团队的支撑，都是我在困境中爬起来的动力。

　　除此之外，支持我走到南极点的一个重要因素就是"爱"。记得探险结束后我在社交媒体上写了一段话："下飞机闻到空气中的青草味，看到绿色的树好幸福。此行最大的收获就是爱，爱这个世界，爱身边的人和事，连一花一草都那么可爱。"我自己也是两个孩子的爸爸，我爱孩子们，他们是这个世界的未来！

　　感谢大家愿意用心感受这本书中的故事，也希望这本书能激发更多青少年去探索未知的世界，让他们主动走进大自然，和自然建立联系，与多变的自然融洽相处……

青年科学探险者　温旭

目　录

2019 年 11 月 16 日—12...

伯克纳岛

联合冰川营地

2019 年 11 月 11 日—13 日

2019 年 11 月 13 日—15 日

地理南极点

麦克默多站（美）

牟墉（白玛南疆） 摄影

01

白色大陆的呼唤

我想，很多人对于世界的整体认知，应该是从地球仪开始的。

当我还是个孩子的时候，我经常在地球仪上找寻中国的位置及亚洲的范围，接着是欧洲、非洲、大洋洲、北美洲、南美洲。这些形状各异、被蓝色海水包围的彩色陆地就是我们人类的家园。然而，随着我慢慢长大，一片纯白的陆地却深深地把我吸引住了。它位于地球仪的最底端，没有其他大陆那样醒目的颜色，只有白茫茫的一片，看起来是那样遥不可及。那片陆地上面清晰地印着3个大字——南极洲。

小时候的我完全没有想到，就在2020年伊始，准确地说是2020年1月9日，我竟然站在了那片白色大陆的中心——南极点，完成了人生的第一次南极探险，成为了首位独步南极的中国人，也创造了单人无助力无补给抵达南极点最长路线的世界纪录……

古老的大陆

南极在哪里？

听到这个问题，也许有人会脱口而出："南极就在地球的最南端呀。"不过，在200多年前，还没有人能答出这个简单的问题。那是因为，人们在19世纪初才正式发现这块神秘的陆地，这也是人们最后发现的大陆。

◁从太空俯瞰南极大陆和
南极周围的海冰

其实，这片大陆早在2亿年前就已经存在了。那时候，地球上的陆地主要由两部分构成：劳亚古陆盘踞北半球，被称作"北方大陆"；而澳大利亚、印度、南美、南极等地连成一片，共同构成了南方大陆——冈瓦纳古陆。1亿多年前，冈瓦纳古陆开始分裂，澳大利亚、南美等陆块纷纷向北漂移，只剩南极陆块孤零零地留在原地。直到2500万年前，南美与南极最后勾连的"手指"被板块运动的洪荒之力无情地扯开，一个以南极点为中心，四面环海、特立独行的大陆——南极大陆便诞生了。

能量助力

两大古陆

根据板块构造学说，在很久很久以前，地球上有两块古老的大陆——劳亚古陆和冈瓦纳古陆。劳亚古陆又称"北方大陆"，被推测是曾位于北半球的原始古大陆。科学家经研究提出，现今的北美洲、欧洲，以及绝大部分亚洲，原本都是劳亚古陆的组成部分。冈瓦纳古陆又称"南方大陆"，被推测是曾位于南半球的超级大陆，包括现今的南美洲、非洲、大洋洲、南极洲，以及印度半岛和阿拉伯半岛等。由于地球板块发生分离及漂移，曾经的两大古陆才变成了如今的七大洲及众多岛屿。

南极的范围

对于很多人来说，南极实际上是一个泛称，它既可以指南极洲，也可以指南极大陆、南极点。那么，南极区域的范围到底有多大呢？各个学科的专家对此有不同的见解。

南极是世界上唯一没有树木的大陆。如果以南半球树木分布的边界作为南极区域的界线，那么南纬50度以南的区域为南极区域。

植物学家

气象学家

南极气候格外寒冷。每年1月，也就是南半球最温暖的月份，以10摄氏度的等温线作为边界，南极区域应该在南纬50度到55度以南的地方。

南极区域的界线应该是南极大陆的实际边缘，整体范围几乎相当于南极洲的地域范围。

地质学家

天文学家

从南、北极受太阳照射的角度来看，南极圈（南纬66度34分）以南的区域为南极区域。

直到1959年12月1日，12个国家在美国首都华盛顿签定了《南极条约》，并把南纬60度以南的广大区域规定为该条约的适用范围。从此，人们就把这个区域作为南极的地理边界，并逐渐广泛使用。这意味着，南纬60度以南的所有陆地和海洋都属于南极区域，包含绝大部分南极洲和罗斯海、威德尔海、阿蒙森海等。

能量助力▶

《南极条约》

南极洲是地球上唯一一块没有常住人口的大陆。这里是未被开发、未被污染的地方，蕴藏着很多不为人知的科学之谜。在天文、地质、生物、气候等诸多科学领域，南极科考都具有重要的价值。

不过，随着来到南极的人越来越多，一些潜在的问题也慢慢出现。为了约束各国在南极的活动，确保各国对南极的尊重，阿根廷、澳大利亚、比利时、智利、挪威、法国、英国、美国等国家在1959年12月1日共同签署了《南极条约》。条约规定，严格禁止侵犯南极的自然环境，严格禁止向南极海域倾倒废物，严格禁止在南极地区开发石油资源和矿产资源，严格禁止在南极地区举行军事演习及试验武器，等等。

△ 阿蒙森的团队

△ 阿蒙森牵着雪橇犬离开木帆船

前行的勇者

冰封的南极被海洋包围，十分孤立。不管是从地理位置还是从天气条件来看，这片"高冷"的大陆都想把人们拒于千里之外，不让人们轻易靠近。就连大家熟知的"南极土著"——企鹅，也无法在南极内陆生存，而是生活在相对温暖的沿海一带。

然而，没有什么能够阻挡探险家的脚步。从18世纪开始，一些勇敢的航海家就被传说中的"南方大陆"吸引，纷纷扬帆南下。直到1820年，人们才首次发现了南极大陆。

1908年，一位名叫欧内斯特·沙克尔顿的探险家成功率领团队乘船抵达了南极海岸，并于当年11月向南极内陆挺进。在1909年1月，他们做了最后的冲刺，抵达了南纬88度23分的位置。这里距离南极点仅有约180千米，可大家都已经筋疲力尽，只能用最后的力气尽快返回岸边的营地。虽然这次探险不能说是大获成功，但沙克尔顿等人也创下了当时最接近南极点的探险纪录。

阿蒙森采用了狗拉雪橇的方式搬运物资

1911年底到1912年初，挪威探险家罗阿尔德·阿蒙森和英国探险家罗伯特·福尔肯·斯科特先后抵达南极点，终于揭开了南极点的神秘面纱。此后的一段时间内，南极大陆上还出现过许多可歌可泣的人物和故事，人们把这段时间称为"南极探险的英雄时代"。

为了纪念探险先驱阿蒙森和斯科特，美国于1957年在南极点上设立了阿蒙森-斯科特南极科考站，为研究南极的学者和探险家提供帮助。而两年后签署的《南极条约》更是让南极成为了全人类和平开发的领地，以及全人类的共同财富。

△ 阿蒙森带领探险队抵达南极点

伟大的横穿

　　我国对南极的探索虽然起步较晚，于1983年才以缔约国的身份加入《南极条约》，但已陆续建立了长城、中山、昆仑、泰山4个南极科考站，目前还在建造第五个科考站——罗斯海新站。

　　1989年，我国科学家秦大河受国家南极考察委员会派遣，加入了"1990年国际横穿南极考察队"。与秦大河一同前往南极的还有来自美国、法国、苏联、英国、日本的5名队员，6人之中只有秦大河和苏联队员是科学家，其他4位都是职业探险家。尽管秦大河当时已经42岁了，但为了保证此次考察任务能够顺利完成，他狠下心在出发前的集训期间拔掉10颗牙齿，并镶上了假牙。毕竟此次去探险吃的几乎全是坚硬、冻结的压缩食品，而他的10颗牙齿都有一些小毛病，一旦牙齿在途中发炎，在南极是无法医治的，必然会影响进食，耽误行程。

　　作为一位探险经验不多的科学家，秦大河除了要应对南极恶劣的气候和复杂的地形，还要在探险过程中完成采集科学样本的任务，这无疑是个非常艰巨的挑战。

　　1989年7月，国际横穿南极考察队从南极半岛的顶端出发，由西向东，踏上了一条前无古人的艰险征途。他们仅凭借狗拉雪橇和滑雪板前行，忍受了巨大的身体不适，抵御了难以想象的低温、暴风雪等恶劣天气，经过了长达220天的艰难跋涉，终于在1990年3月3日胜利抵达考察终点——原苏联和平站，走完了5896千米的行程，横穿了南极大陆，实现了国际极地科学探险史上的一次伟大壮举。秦大河不仅成为了第一个横穿南极大陆的中国人，还成功收获了800多个雪样，获得了大量有关南极冰川和气象的第一手资料。

△ 我国科考队员正在从科考船上卸货

南极的呼唤

　　南极的探险历史令我无比动容。百余年来，全世界最优秀的南极探索先驱们先后创下了许多南极远征纪录，不断地挑战人类的极限。无论是百年前的沙克尔顿、阿蒙森和斯科特，还是30多年前的秦大河，南极探险不仅能带来地理和科学的大发现，更能彰显出人类的勇敢、坚强、团结等精神。

　　如今，南极大陆已经从英雄时代进入了科考时代，这片白色大陆上出现了更多科学家和探险家的身影。尽管我国的南极科考事业已经取得了一定的成就，但在各种深入南极腹地的极限探险中，依然缺少中国人的身影。

　　无论在探险还是科研方面，南极始终是一片令人神往的地方，还有许多未解之谜等待我们去探索。英雄探险者的故事让我魂牵梦绕，探索的精神不断地驱动着我，让我在成为一名冰川科考队员后，坚定了去南极进行科学探险的决心。

　　该怎么去往南极？该做哪些关于科学探险的准备？在南极都会遇到什么？且听我在后面的故事里一一道来。

我国五大南极科考站

中国南极长城站

🕐 **竣工时间：** 1985年

📍 **具体位置：** 南极洲南设得兰群岛乔治王岛

这是我国在南极建立的第一座科学考察站。它位于一个小海湾中，背靠着白雪皑皑的山坡，有丰富的水源。这座科考站以我国闻名于世的长城命名，包括办公栋、医务文体栋、气象栋、科研栋、宿舍栋等主体建筑及若干科学用房和后勤用房。长城站附近生长着地衣、苔藓等植物，分布着企鹅、海豹等动物，是研究南极生态系统及生物资源的理想地点。

中国南极中山站

🕐 **竣工时间：** 1989年

📍 **具体位置：** 东南极大陆拉斯曼丘陵

这是我国的第二座南极科考站，以伟大的民主革命先驱孙中山先生的名字命名。它位于普里兹湾沿岸，距离埃默里冰架和查尔斯王子山脉只有几百千米，是进行南极海洋和大陆科考的理想地点。经过20多年的扩建，中山站已有各种建筑15座，甚至还有独家"冰景房"。

中国南极昆仑站

🕐 **竣工时间：** 2009年

📍 **具体位置：** 南极内陆冰盖冰穹A西南方向

这是我国的第三座南极科考站。"长城"取自我国著名的人文景观，"中山"取自我国伟大的革命先辈，而"昆仑"取自我国重要的自然景观，这3个名字相得益彰。另外，昆仑站建在距离南极内陆冰盖最高点——冰穹A很近的地方，而我国的昆仑山脉巍峨挺拔，是"高度"的象征，用这个名字来命名再合适不过了。冰穹A海拔很高，非常寒冷，即使在夏季也只有零下30摄氏度，而且这里含氧量很低，科考队员日常活动时容易因缺氧而感到不适。

中国南极泰山站

🕐 **竣工时间：** 2014年

📍 **具体位置：** 中山站与昆仑站之间的伊丽莎白公主地

这是我国的第四座南极科考站，取用了五岳之首——泰山的名字，主要建筑的外形就像巨大的飞碟。这座科考站的建立使我国的南极考察工作得以从南极大陆边缘向南极大陆腹地挺进。中山站、长城站位于南极内陆之外，与位于南极内陆冰盖的昆仑站相距较远，不便运输物资。而泰山站配有车库、机场及储油设施，可以作为中转枢纽站来使用。

中国南极罗斯海新站

🕐 **奠基时间：** 2018年（仍在建设中）

📍 **具体位置：** 罗斯海区域的难言岛

这是我国的第五座南极科考站，位于深入南极的大海湾——罗斯海沿岸。南极地区的岩石圈、冰冻圈、生物圈、大气圈等会在罗斯海一带相互作用，所以这片区域具有重要的科研价值。待罗斯海新站建成后，我国科考人员将开展有关海洋、气象、生物、冰川、地磁等领域的各项研究。未来，那里会成为一座功能完整、设备先进的现代化南极科考站。

中国南极科考——提问，请回答！

1. 中国科学工作者首次登上南极大陆是在哪一年？

1980年。当年年初，董兆乾和张青松两位科学家应邀代表中国参加了澳大利亚南极考察，途中访问了多国科考站，采集了各种样品，拍摄了大量照片，为日后国家派出南极考察队提供了可靠依据。

2. 中国首次派出南极考察队去南极进行考察是在哪一年？

答：1984年。其实我国对南极的探索比西方国家晚了100多年。在我国考察队踏上南极大陆之前，全世界已有近20个国家在那里建立了上百座科考站。

3. 中国考察队首次航行到南极乘坐的是哪艘科学考察船？

答：向阳红10号远洋科学考察船。这是我国自行设计制造的第一艘万吨级远洋科学考察船。

4. 听说长城站是"喝咖啡"喝出来的？

答：1983年，我国正式成为《南极条约》的缔约国，并于那一年首次派代表出席了在澳大利亚堪培拉召开的第12届《南极条约》协商会议。然而，当会议讨论到关键处并要进行表决时，我国代表却被请到会议厅外面喝咖啡，而且没有被告知最终的表决结果。

只有独立组织开展过南极考察，并在南极建立了常年科考站的国家，才有资格参与相关决策商议。被请到外面喝咖啡后，我国代表义愤填膺地发誓："不在南极建成我们国家的考察站，今后我再也不参加这样的会议！"

于是，就在1985年2月，我国建成了属于自己的长城站，堂堂正正地拥有了对于南极事务的发言权和表决权。

5. 2017年，第40届《南极条约》协商会议在哪里开幕？

答：中国北京。

6. 哪国科考队最先找到南极内陆冰盖的最高点？

答：北京时间2005年1月18日3时16分，中国南极内陆冰盖昆仑科考队找到了南极内陆冰盖的最高点，并插上了五星红旗。这是人类首次到达南极内陆冰盖的最高点（南纬80度22分00秒，东经77度21分11秒，海拔4093米）。

7. 中国极地科考码头位于哪里？

答：上海浦东新区。这是世界上首个极地考察船专用码头。

8. 我国自主建造的第一艘极地科学考察破冰船是哪艘？

答：雪龙2号极地考察船。近两年来，中国南极科学考察队都会乘坐它去往南极执行科考任务。2022年4月，雪龙2号和它的"老大哥"雪龙号顺利返回位于上海的码头，标志着中国第38次南极考察任务圆满完成。

南 极 洲 地 图　ANTARCTICA

马尔维纳斯群岛
（英称福克兰群岛）

斯科舍海
SCOTIA Sea

大　西　洋
ATLANTIC　OCEAN

奥卡达斯站(阿根)
Orcadas (Arg.)

南奥克尼群岛

诺伊迈尔站(德)
Neumayer (Ger

萨纳埃站(南非
Sanae (S. Afr

挪威角

茹安维尔岛

利丹岛

南美洲
SOUTH AMERICA

阿尔茨托夫斯基站(波)
Arctowski (Pol

别林斯高晋站(俄)
Bellingshausen (Rus)

长城站中国)
Great Wall (China)

象海豹岛

埃斯佩兰萨站(阿根)
Esperanza (Arg.)

贝尔纳多·奥伊金斯将军站(智)
Gen. Bernardo O'Higgins (Chile)

威　德　尔　海
WEDDELL SEA

哈雷站(英)
Halley (U.K.)

科茨地
Coats Land

火地岛

南设得兰群岛

罗伯逊岛

贝尔格拉诺将军2号站(阿根)
Gen. Belgrano 2 (Arg.)

帕默站(美)
Palmer (U.S.)

拉森冰架

南

菲尔希纳冰架

法拉第站(英)
Faraday (U.K.)

比斯科群岛

罗瑟拉站(英)
Rothera (U.K.)

圣马丁站(阿根)
San Martin (Arg.)

极

帕
默
地

Antarctic Peninsula
Palmer Land

非斯克角

伯克纳岛
Berkner Island

龙　尼　冰　架

亚历山大岛

半

夏科岛

岛

拉塔迪岛

斯帕茨岛

斯迈利岛

别林斯高晋海
BELLINGSHAUSEN SEA

埃尔斯沃思地
Ellsworth Land

伊迪丝龙尼地
Edith Ronne Land

文森山
Vinson Massif
5140

埃尔斯沃思山脉
Ellsworth Mountains

ANTA

阿蒙森

法韦尔岛

瑟斯顿岛

西　南　极　洲
West Antarctica

玛丽·伯德地

派恩艾兰湾

太

赖特岛

卡尼岛

赛普尔岛

罗斯冰
Ross Ice Shel

罗斯福岛

平

阿蒙森海
AMUNDSEN SEA

爱德华七世半岛

罗斯
ROSS S

洋

PACIFIC　OCEAN

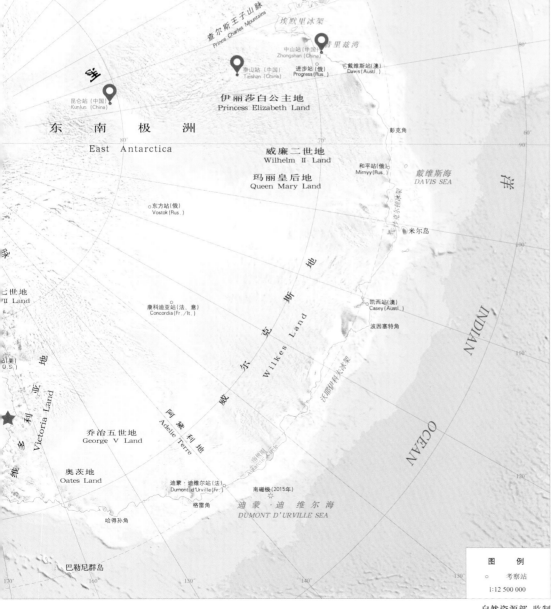

◁ 这幅地图中标记了很多
南极科考站的位置；另
外，第八章提及的冰架
和第九章提及的山脉在
这里都有所体现

◁ 红星处为罗斯海新站的
大概位置

图　例

○　　考察站

1:12 500 000

自然资源部 监制

酝酿"<2℃计划"

在筹备去南极之前，我是一名探险者和冰川科研工作者。多年的探险和科考经验让我逐渐感觉到冰川在融化，而一次生死经历彻底改变了我的人生。气候变化已开始严重影响地球的环境，随着冰川大量消融、极端天气频发，我越来越想为气候变化做些什么。于是，我和我的团队酝酿了一个计划，并开始为之努力……

少年雪山梦

对雪山的憧憬，源于我15岁的夏天。记得那时刚上高中，我偶然看了一部电影——《垂直极限》。影片中，一些登山高手冒着生命危险攀登雪山，靠勇气与意志力向世界上最凶险的山峰发起了挑战。这点燃了我内心深处别样的梦想，让我的脑海中也浮现出了雪山的影子。

　　我开始有模有样地学着训练，在高中学校的操场上留下一圈又一圈的奔跑痕迹。不过，想成为一名真正的探险者光靠自己练可不行，还需接受专业指导。看到中国登山协会举办第一届初级登山培训班的消息后，我迫不及待地报了名。靠着积攒的压岁钱，我买了一些探险装备，坐上了开往北京的火车。

　　经过一个月的专业培训，我终于攀登了人生第一座雪山——玉珠峰。然而，在距离顶峰50米处，我感觉手指失去了知觉。"难道是手指冻伤了？"谨慎和理智让我果断下撤。第一次向雪山发起挑战，虽然未能登顶非常遗憾，却让我明白了和大自然相处的关键——保持敬畏之心。雪山让我从满腔热血、头脑发热的冲动少年，渐渐成长为对生命和自然永存感恩的人。

　　从此，我的命运与雪山相连。

抵达北极点

进入大学后，我当上了学校登山队的队长。未曾想，我的极地梦已经悄然靠近……

2009年，我国一家电视台举办了《勇闯南北极》节目，给热爱生活、敢于挑战自我、能够经受严酷环境考验的普通人提供了一次实现极地梦想的机会。由于我攀爬雪山积累了一定的经验，朋友邀请我到节目中试一试。去极地探险的机会让我兴奋不已，当时有数万人报名，而我经过大浪淘沙般的层层筛选，最终成功胜出，成为可以去北极探险的幸运儿。

在挪威的朗伊尔城，离北极最近的人类永居地，四处都是积雪，北极熊的数量比人的数量还多。为了保证安全，前往北极点之前，我接受了专业的极地生存培训。越野滑雪、落水自救、驾驶雪地摩托等，一切都是那么新鲜有趣。

△ 以往的探险经历

　　探险正式开始，我踏上了北极的海冰。随处可见的冰裂缝，以及被挤压翘起的巨大冰块，无不昭示着危险。一路越过重重艰难险阻，我终于如愿站在了北极点上，成为了当时徒步造访北极点的最年轻的中国人。

　　第一次实现极地梦固然兴奋，但也让我意识到极地探险和雪山攀登一样，是一件极其专业且严谨的事。

寻找攀登的意义

那次从北极探险回来，生活似乎回到了以前的模样，只有我自己知道，去南极的念头已被深埋心底。当登山已成为稀松平常的事，我不禁开始思考，不断挑战高峰有没有更大的意义呢？

直到2011年，一次救援改变了我的人生轨迹。

那天，我正带领登山队攀登新疆的慕士塔格峰，忽然听说一位来慕士塔格峰架设气象站的中国科学院博士意外失踪。中科院科考队紧急求援，搜救队伍急需人手，我不假思索地加入其中，与大家一起完成搜救任务。后来，中科院青藏所的科学家向我发出了邀请："你愿意转专业研究冰川，和我们一起去取冰芯吗？"这给我带来了启发：对啊，我可以去科学家到不了的高处探险，为什么不发挥自己的探险特长，和科考跨界互补呢？

科考让登山一下有了新的价值，我忽然觉得自己找到了适合的路。就这样，我加入了中科院青藏所的科考队，开始从事第四纪地质冰川方向的研究。之后很长一段日子里，我穿梭于青藏高原大大小小的冰川之间，钻取冰芯样本，研究蕴藏在冰芯里的奥秘。

慕士塔格峰

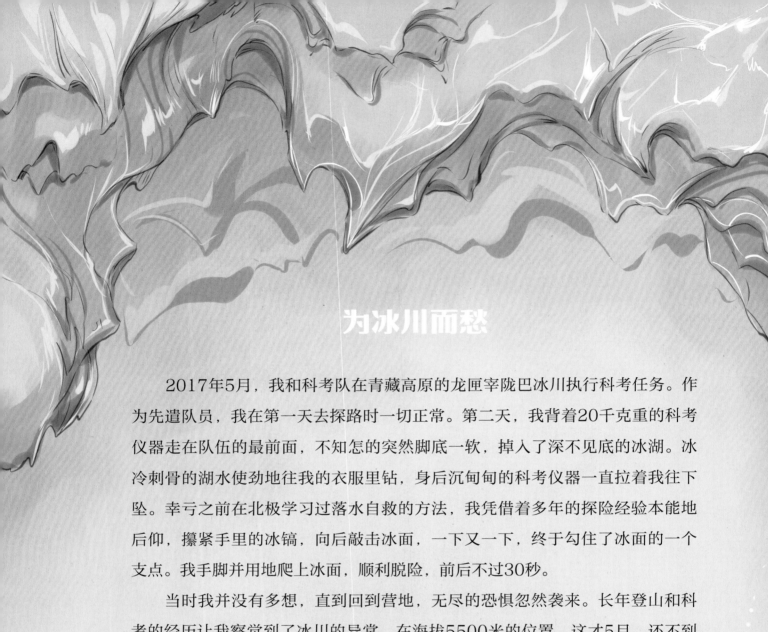

为冰川而愁

2017年5月，我和科考队在青藏高原的龙匣宰陇巴冰川执行科考任务。作为先遣队员，我在第一天去探路时一切正常。第二天，我背着20千克重的科考仪器走在队伍的最前面，不知怎的突然脚底一软，掉入了深不见底的冰湖。冰冷刺骨的湖水使劲地往我的衣服里钻，身后沉甸甸的科考仪器一直拉着我往下坠。幸亏之前在北极学习过落水自救的方法，我凭借着多年的探险经验本能地后仰，攥紧手里的冰镐，向后敲击冰面，一下又一下，终于勾住了冰面的一个支点。我手脚并用地爬上冰面，顺利脱险，前后不过30秒。

当时我并没有多想，直到回到营地，无尽的恐惧忽然袭来。长年登山和科考的经历让我察觉到了冰川的异常。在海拔5500米的位置，这才5月，还不到夏季最热的时候，怎么会出现这么大的冰湖呢？我回想起曾经11次登顶的慕士塔格峰，那里的雪线一直慢慢上移，在10年内已经后退了近500米。还有，我在2009年滑雪抵达过北极点的那条路，现在已经可以开辟航道。这次我掉进冰湖后，科考队伍里的央视记者用无人机查看时，发现整座冰川上竟然遍布着大大小小的冰湖。

在冰湖里求生的画面在我脑子里一遍遍地回放，我感觉自己就像一只巨大的北极熊，在消融的冰川面前无助又绝望。就这样，我的命运第一次和气候危机产生了连接。

过往"成绩单"

探险经历

1.登山：

截至2020年，曾登顶国内外雪山30余座，共计50余次。所登国内雪山包括慕士塔格峰、希夏邦马峰、慕士山、哈巴雪山、半脊峰、雪宝顶、四姑娘山、岗什卡雪峰、阿尼玛卿山等。

☑ 2004年，攀登慕士塔格峰时仅16岁，是当时全国年龄最小的攀登者，至今已登顶11次。

☑ 2007、2012、2018年，3次攀登珠穆朗玛峰。

2.越野滑雪：

☑ 2009年，学习北极生存技能，成为越野滑雪抵达北极点最年轻的中国人。

☑ 2018年，率队去格陵兰岛探险，实现中国探险队首次穿越格陵兰岛。

☑ 2020年，创下单人无助力无补给抵达南极点最长路线的世界纪录。

3.漂流

☑ 2015到2020年，曾完成怒江、通天河、金沙江、澜沧江的漂流探险。

4.风筝滑雪

☑ 2019年，在挪威芬瑟高原冰川完成了风筝滑雪挑战。

科考经历

☑ 2011到2017年参加中国科学院木吉、古里雅、藏色岗日、普若岗日等冰川的科考活动。

☑ 2017年，担任我国第二次青藏高原综合科学考察研究项目协调人。

☑ 2018年，完成珠峰顶层冰雪测厚、采集梯度雪样等科考任务。

☑ 2020年，参与我国第二次青藏高原综合科学考察研究项目阿尼玛卿冰川科考，本次科考创造了国内海拔6000米以上的人员和物资输送纪录。

☑ 2021年，自主完成羌塘2号冰川深冰芯钻取。

昆仑山古里雅冰川科考

带领队伍在慕士塔格峰完成了排钻取样科考工作，共获得 80 根冰芯样品

在北极自建冰屋

第 11 次登顶慕士塔格峰

带领登山队攀登阿尼玛卿山

长江河源段通天河漂流

金沙江漂流

30 天穿越格陵兰岛

2018 年，独自登顶珠峰，曾携带 100 千克的科研仪器和登山装备只身前往尼泊尔完成科考任务

在珠峰培训夏尔巴向导如何使用科考仪器

"＜2℃计划"诞生

冰川是气候变化最敏感的指示器，也是记载地球气候的历史书。当气候变暖加剧后，极地的冰川加速消融，两极制冷机制减弱，进而影响洋流和大气环流，造成更多的极端天气。长此以往，后果不堪设想，但生活在"钢筋水泥丛林"里的很多人还不知道。

思量再三，一个潜藏已久的想法逐渐浮现在我的脑海："去穿越南极怎么样？"第一，我希望能去采集一些冰雪样本，看看气候变化对南极的影响；第二，我希望大家能通过我的探险经历，感受到冰川消融的事实和气候变暖的危机；第三，我已身为人父，希望能通过自己的行动给孩子树立榜样，并为他们努力创造更美好的未来。以自身探险来呼吁大家，似乎比单纯搞科研更能发挥我的价值。

这一刻我仿佛被点燃了。没错，从抵达北极点的那一天，我一直在等待一个探索南极的契机，而现在，真正驱动我去探索它的机会来了。

于是，在团队的帮助下，我的"＜2℃计划"就此诞生！

▷珠峰上消融破碎的冰川

△格陵兰岛的巨大冰河

最关键的一步

　　"＜2℃计划"是指完成人类首次穿越地球三极的科学探险，从而探究全球
气候变化的公益科普项目。这里所说的"地球三极"，分别是珠穆朗玛峰（世界

为什么叫"＜2℃计划"？

2015年12月12日，在巴黎气候变化大会上，多国代表达成了《巴黎协定》。2016年4月22日，170多个国家的领导人齐聚纽约联合国总部，共同签署了这份协定。根据《巴黎协定》，在2020年，各国都要为应对气候变化而做出安排，全球气候治理将进入一个前所未有的新阶段。这份协定的主要目标是：努力控制全球平均气温上升幅度，使其与前工业化时期的气温相比，上升范围小于2摄氏度，甚至是小于1.5摄氏度。正是为了响应《巴黎协定》，我们才把这次的探险计划取名为"＜2℃计划"。

第三极）、北极的格陵兰岛和南极大陆。通过这一系列的科学探险，可以将我亲眼看到、记录到的冰川融化情况告诉更多人，提升大家对于保护环境的责任感，想办法一起努力应对气候变化。为了让我更加系统地进行训练及规划，同为探险者的妻子虎姣佼担任起了我的探险经理，与我一起筹备"<2℃计划"。

2018年5月，我在中科院青藏所的支持下完成了世界第三极——珠穆朗玛峰的科学考察任务，在登顶的同时还攻克了南坡梯度冰雪样采集和顶层冰雪测厚等科考难关，这也是世界上首次测量珠峰顶部冰层厚度的科考行动。

随着"<2℃计划"初见眉目，那片伫立在地球最南端的白色大陆似乎已在向我招手。但对于当时的我而言，南极仍然"难及"，想要顺利完成探险，我还需要做更周密的准备。于是，为了向梦想之地——南极大陆进发，我正式展开了各项筹备工作……

来自冰川的危险警告

冰川是水的一种存在形式，是地表重要的淡水资源。地球身为一颗蓝色星球，拥有大量的水，但绝大部分都是海水，只有不足3%的淡水资源。而在这些为数不多的淡水中，约77%都以冰川的形式存在着，所以冰川又被誉为"固体水库"。

值得注意的是，这宝贵的"固体水库"近年来不断向我们发出警告。由于全球气候逐渐变暖，世界各地冰川的面积和体积正在减少，有些甚至已经消失。冰川消融过快会给一些地区带来淡水危机，影响全球水平衡。另外，一些巨大的冰川如果全部消融，会使海平面上升，这对于很多沿海地区来说可是灭顶之灾……到目前为止，都有哪些著名的冰川向我们发出了危险警告呢？让我们一起来看一看。

亚洲代表：天山乌鲁木齐河源1号冰川

天山是我国最大的冰川区，共有约7000条大大小小的冰川。1959年，我国科学家在乌鲁木齐河的源头建立了中国科学院天山冰川观测研究站，重点研究位于该处的天山乌鲁木齐河源1号冰川。这座冰川形成于480万年前，长2.4千米，平均宽度500米，最大厚度140米，被誉为"冰川活化石"。然而，据研究人员观测，在1958到2004年间，这座冰川的平均厚度减少了12米，损失体积超过2000万立方米，并且呈加速缩减的趋势。

欧洲代表：阿莱奇冰川

世界冰川监测中心的工作人员发现，在20世纪，欧洲山区的冰川损失非常严重。阿尔卑斯山脉是欧洲最大的山地冰川区，而阿莱奇冰川是阿尔卑斯山脉中最大、最长的冰川。这里物种丰富、风景迷人，拥有一系列典型的冰川特征，如U形谷、冰斗、冰碛等，在人类研究冰川方面具有突出价值。然而，科学家参照阿尔卑斯山区的气候变化情况推算，阿莱奇冰川将以越来越快的速度消融，预计在21世纪末彻底消失。

北美洲代表：内华达山脉冰川

内华达山脉冰川位于美国的加利福尼亚州。内华达山脉大致呈南北走向，高大巍峨，是北美洲西部的一条主要山脉。而这里的古老冰川就像一顶冰帽，牢牢地扣在山顶，并向各个山谷蔓延。自20世纪以来，科学家就开始监测并记录内华达山脉冰川的变化。通过比对照片，科学家可以明显看到冰川的消退情况，气候变暖对它造成的巨大影响不言而喻。

△ 部分冰雪融化后的景象

非洲代表：乞力马扎罗冰川

乞力马扎罗山是非洲第一高山，既是火山也是雪山。这座"非洲屋脊"的顶部已被白雪覆盖了约1.17万年，壮丽的冰川美得令人窒息。然而，由于非常靠近赤道，高山上的冰川长期被阳光直射，而且无法获得足够的雪水补给，目前正在急速萎缩，而且变得越来越薄。最坏的可能是——在2040年，这里的冰川就会消融殆尽。

△ 乞力马扎罗山顶曾经白雪皑皑的景象

南美洲代表：库里卡里斯冰川

库里卡里斯冰川位于秘鲁南部的安第斯山脉，是凯尔卡亚冰帽的一部分。凯尔卡亚冰帽的面积约44平方千米，是全球最大的热带冰原区，而库里卡里斯冰川不仅是安第斯山脉最大的冰川，也是全球最大、消融速度最快的热带冰川。也许在几年后，这座冰川就会从地球上消失……

北极圈周边代表：奥乔屈尔冰川

奥乔屈尔冰川又称Ok冰川，坐落在冰岛首都雷克雅未克的奥克火山上，非常靠近北极圈。从很久以前开始，这座冰川就一直在不断消融，如今已经大规模融化，并且不再移动，彻底失去了作为冰川的资格。2019年8月18日，冰岛的很多官员和科学家来到冰川原址，为冰川举行了一场特殊的"葬礼"。冰川附近的一块裸岩上还专门立起了一块纪念碑，上面刻着一封"致未来的信"：

Ok是冰岛第一座失去冰川资格的冰川，

在未来的200年内，

我们的所有冰川都将步其后尘。

立此碑旨在告知，

我们知晓正在发生什么，

以及应该做些什么。

而只有未来的你，

知道我们是否做了该做的。

亚洲、欧洲、北美洲、南美洲、非洲、两极……世界上越来越多的冰川正在消失。现在我们已经领悟了冰川的警告，且追悔莫及。今后，希望我们能够一起努力，守护那些危在旦夕的宝贵冰川。

钱可可 摄影

想要成为一名出色的极地探险家并不容易，要创造伟大的成绩，突破身体与心理的极限，就必须付出超乎常人的努力。去南极可不是一趟"说走就走的旅行"，极地探险要面对最为艰险的环境，所以体能、技能、心理上的反复操练，缺一不可。

身心全副武装

2009年去北极探险时，我有幸结识了挪威极地探险家博格·奥斯兰，在他的带领下以越野滑雪的方式抵达北极点，从此与他结下了深厚的友谊。他是当今世界上最杰出的极地探险家之一，我很高兴能请他来担任我在极地探险的顾问。另外，下定决心要去南极后，我还向其他几位极地探险家咨询了很多探险经验，比如丽芙·阿内森、安·班克罗芙特、拉尔斯·艾布森等，他们为我提供了最专业的建议。

其实，卓越的极地探险家可能与大家想象中的有些不同。他们并不魁梧健壮，反而看着略显精瘦。这是因为，如果体形过大、肌肉过多，在探险的过程中会过度消耗能量。当然，身体太瘦也不行，一定要瘦得恰到好处才可以。

光有合适的体形还不够，拥有强大的体能和专业的探险技能才是完成挑战的关键。我计划在100天内完成近3000千米的穿越路线，因此，我的体能必须得支持我拖着近200千克重的雪橇船每天行走12小时。当然，探险的路途并不好走，时不时要攀爬高山、跨越冰裂隙、穿过波状雪面等，所以我还需要掌握多项探险及求生技能，以应对可能遇到的各种意外和危险。

为此，我给自己制定了一系列训练方案，并且得到了国内外专业团队的支持。

有氧体能训练

与普通健身不同，我的训练计划里很少有无氧运动。我不需要把肌肉练得很发达，但是需要让它们变得有力量、有韧性。跑步机、划船机、登山机、动感单车……这些训练装备都很适合我，让我不仅可以练出合适的肌肉，还能增强心肺功能。无论寒冬还是酷暑，我每天都坚持长达8小时的有氧训练，一边锻炼体能，一边磨炼意志力。另外，我不仅需要增肌，还需要增脂。在南极的低温环境下探险需要消耗大量脂肪，为了保证自己有足够的脂肪储量，我每天都会吃8顿饭来补充能量。

博格·奥斯兰（挪威）

国际著名探险家，曾被誉为本世纪最伟大的探险家之一。

博格是我极地探险的启蒙导师，他身上有好几个"世界之首"：1994年，成为世界首位以单人滑雪方式抵达北极点的探险家；1997年，成为世界独自穿越南极大陆第一人；2006年，世界首次在极夜条件下不借助外援和补给到达北极点……另外，他还完成了穿越巴塔哥尼亚冰原、从南坡登顶珠穆朗玛峰等高难度探险。

安·班克罗芙特（美国）

国际著名探险家，致力于为全世界的妇女和女孩带来启迪，鼓励她们追寻梦想，释放自己的能量。

1986年，她成为首位到达北极点的女性；1992年，她成为首位穿越格陵兰岛的女性；1993年，她成为首位滑雪到达南极点的女性；1995年，她入选美国国家女性名人堂；2001年，她与丽芙·阿内森一同成为了世界首次穿越南极大陆的女性。2016年，她受到时任美国总统奥巴马的邀请，在北极合作大会中进行了有关气候变化的主旨演讲。

丽芙·阿内森（挪威）

国际著名探险家、作家及教育家，致力于将保护水资源的理念传递给全世界的儿童和青年。

1992年，她带领着第一支女性队伍穿越了格陵兰岛；1994年，她成为首位独自滑雪到达南极点的女性；1996年，她尝试从北坡攀登珠穆朗玛峰，却遗憾地因产生高原反应而在距离峰顶约1900米处下撤；2001年，她与安·班克罗芙特一同成为了世界首次穿越南极大陆的女性。

拉尔斯·艾布森（挪威）

国际著名探险家、专业平面设计师。在过去的二三十年里，由挪威探险家保持纪录的所有探险活动几乎都与他有关。虽然是男性，但他因为太会策划探险，被称为"the mother of all expeditions"（探险之母）。他曾11次穿越格陵兰岛、5次抵达北极点、数次前往南极大陆探险，还在安第斯山脉和喜马拉雅山脉等地完成过探险。他是博格·奥斯兰、麦克·霍恩等伟大极地探险家的"探险操盘手"。目前，他正与博格·奥斯兰合作，准备探索新的领域。

▷ 拖着沉重的
雪橇船在波
状雪面上行
走是十分困
难的

▽ 波状雪面

△ 在云南的训练场地上进行拉轮胎训练　　　　　　△ 调整训练方式，在足球场上练习

模拟拉雪橇训练

　　为了让肌肉适应拉雪橇的动作，我从2017年就开始进行大量的拉轮胎训练，模拟在极地拉雪橇的姿势，增强肌肉对这个动作的记忆。云南有一片非常适合训练的场地，我去那里训练过一段时间。回到北京后，没有特别合适的场地，我和我的团队便对训练方式进行了改进，把训练场地更换为足球场。足球场上有柔软的人造草皮，比较类似雪地。我经常穿着滑雪板，在足球场上拉重物，模拟拉雪橇船的状态，这既可以帮我提前适应雪橇船的重量，也能让我熟悉行走时的发力方式，并不断摸索降低体能消耗的方法。

▷ 青藏单人骑行训练

单人模拟训练

　　独自在恶劣的环境中生活3个月左右，身体和心理都很容易处于崩溃的边缘，这样极致的磨炼、长时间的孤独和无助非常考验人的意志。因此，具备强大的心理素质也是完成挑战的重要因素。学会应对孤独、找到在困境中与自己相处的办法是我不得不面对的新课题。在2018年的6月到7月，我踏上了青藏高原，开始单人骑行青藏线的训练旅程，这里的高海拔对于我提前适应南极2000多米的平均海拔也大有益处。骑行开始之前，我请专业的心理老师为我制定了心理训练方案。在骑行的每一天结束后，我都会用画画的方式来记录自己当天的心情，从而测试自己在高度消耗精力的状态下，心理会产生怎样的波动。我画完画后，心理老师可以通过画的内容来判断我的心理变化，并教我如何尽快调整自己的状态。

专项技能训练

去南极探险只能在天气相对较好的极昼期间进行，也就是每年11月到次年1月。如果我想在有限的时间内完成探险，就必须充分规划好方案，掌握好所有必备技能。

探险的路线上有冰裂隙、横断山脉等，我必须掌握冰裂隙自救、利用绳索攀登横断山脉等技能，还要学会风筝滑雪。如果探险时间太长，不仅我的身体会吃不消，天气条件也会越来越恶劣，而风筝滑雪可以大大加快我的前进速度，保证我探险的后半段能在规定的时间内完成。

风筝滑雪又称"雪地风筝"，是如今比较流行的一项极限运动。与风筝冲浪的原理相似，风筝滑雪也是利用风筝提供的动力带动滑雪者前行。为了更好地掌握这项技能，我来到挪威，找到了有"风筝之王"美誉的挪威探险家罗尼·菲瑟（Ronny Finsår）。他曾先后5次去南极大陆探险，还保持着风筝滑雪最快速度的世界纪录。在宝贵的训练时间内，我跟随他进行了系统的学习，从了解基础知识，认识所需装备，到强化滑雪技能，控制风筝起降，再到熟知所有安全操作和自我救助方法，努力达到能够从容面对各种地面环境与风力变化的水平。

这就是风筝滑雪

风筝滑雪是一种极限运动，于1999年开始在法国出现，之后很快就风靡欧美地区。近年来，世界上的一些地方每年都会举办雪地风筝比赛（我国大庆就曾连续举办过几年雪地风筝锦标赛），参赛者们可以在雪地上尽情地"放飞自我"。而在极地探险领域，风筝滑雪也是常用的探险行进方式。

风筝滑雪的创意来自于滑水运动。想象一下，这两种运动的姿势是不是很像？雪地风筝的设计师曾说："滑水的过程中如果停下来，身体就会往下沉，所以滑水时要用很大的风帆来借助更多的风力。但在滑雪时就没有这个顾虑，只要掌握好风向就可以了。"风筝滑雪与滑水运动一样，也巧妙地利用了风。可别小看那个遮篷式的雪地风筝，它升到空中后，会在风的带动下产生很大的动力，牵引着滑雪者快速前进。

目前，探险者所使用的风筝主要分为标准型箔制风筝和可鼓起式风筝两种。在早期的雪上运动中，箔制风筝是最常见的，它既柔软又不会轻易破损，容易升空，收放自如。而可鼓起式风筝本来是为水上风筝运动而设计的，经过改良后才出现在雪上运动中。它与传统箔制风筝相比的优势是，当迎面吹来较强的风时，滑雪者可以轻松利用控制柄减少风的阻力。

最常见的雪地风筝尺寸在5平方米左右，这个尺寸对于12到18千米每小时的中等风速来说是最理想的。较小的风筝为3平方米左右，适合在15千米每小时以上的高风速中使用。更大一些的风筝为7到9平方米，适合在10到15千米每小时的低风速中使用。依据风筝的尺寸和风力的强弱，探险者可以随时调整自己的滑雪速度，如果控制得当，最高滑行速度可达80千米每小时。

▽ 雪地风筝（示意图）

控制柄

△▽ 我在学习风筝滑雪时没少摔跟头

▷ 无助力穿越格陵兰岛

极地实战训练

　　每个想去南极进行单人探险的极地探险家，都会先去北极圈内的格陵兰岛"彩排"。那里有着和南极非常相似的地理环境和气候条件，有"小南极"之称。在我提出的"＜2℃计划"中，北极原本就是我的3个探险目的地之一。因此，我抱着双重目的，召集了4位志同道合的伙伴，于2018年8月向格陵兰岛进发。

　　这是南极探险前最有效的一次预演。历经30天，跋涉600千米，我带领同伴在没有外力帮助下成功穿越了格陵兰岛，成为第一支穿越格陵兰岛的中国探险队。我既实现了自己的其中一个探险目标，也为日后穿越南极积累了丰富的实战经验。在格陵兰岛探险的过程中，我检验了自己的体能及技术训练成果，摸索了对抗极端天气的方法，还进一步实践了如何在极地进行导航。当然，我也没忘记科考任务，一路完成了温度记录、冰雪采样，以及生物多样性观测等工作。总之，这是一次很不错的提前演练，让我更加坚定了去南极的信心。

　　现在，我在身体和心理方面已经进行了全副武装。接下来，我就要仔细规划探险路线、整理行装和设备，准备动身前往南极了，这些准备工作对探险行动至关重要，也是我出发之前的最后功课。

△ 格陵兰岛的巨大冰缝

▷ 拉着雪橇船翻越冰坡

▽ 适应凹凸不平的雪面

△ 早已习惯了踩着滑雪板前行

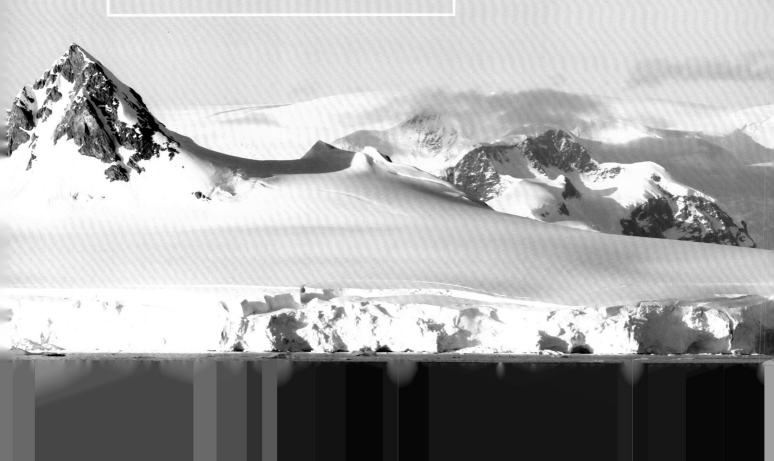

04

最后的准备

为了去南极探险，我筹备了两年的时间。有人可能会感到疑惑，不就是去一趟南极吗，为什么要准备这么久呢？其实所有的探险都需要科学合理地准备。细节决定成败，前期准备是一件大工程，丝毫不能懈怠。训练是否科学、路线规划是否系统、装备物资的整理是否细致，如果其中一个环节出了问题，那么我所做的一切努力都将功亏一篑，甚至还有可能付出生命的代价。因此，我必须慎重、再慎重，力求把准备工作做到完美。

百年前的南极探险

从人类发现南极到现在已经过去100多年了。最早前往南极点的人想必经历了我们难以想象的艰辛。那么，在那个时候，面对无限未知，探险家是如何做准备的呢？

1907年，沙克尔顿决定向南极点发起挑战时，首先招募了很多经过系统训练的探险队员，并组建了一支适合极地远征的团队。这个团队里有船长和船

△ 沙克尔顿的探险队

△ 沙克尔顿生于爱尔兰，
后举家迁往英国

△ 沙克尔顿带领探险队员在暴风雪中前进

△ 沙克尔顿团队的大船

员，有医生、厨师、科学家，甚至还有木工、艺术家和摄影师等。由于探险行动将持续很长时间，沙克尔顿必须为他的队员们准备大量的食物、药品、保暖装备，以及必要的考察设备。

拥有了团结的队伍和必要的物品，沙克尔顿还要考虑运输物资的问题。在南极的极端条件下，人类很难扛运超过自身体重的物资，于是，沙克尔顿选择了依靠动物运输。当时他挑选了一种来自我国东北的小马。虽然后来的事实证明，这种小马并不适合在南极活动，无法承担运输工作，但沙克尔顿这种敢于尝试的精神还是值得借鉴的。

百年后的今天，我也像曾经的沙克尔顿那样，努力在为自己的探险之旅做着准备。随着科技的高速发展，我所拥有的装备比过去的更先进，也更可靠。虽然我没有招募随行的队员，全程都要只身前进，但我背后有一支非常专业的团队。来自我国、挪威、美国和智利的专家会为我做天气预测、心理辅导，也会与我进行日常沟通，随时为我提供支援。

南极"大事记"

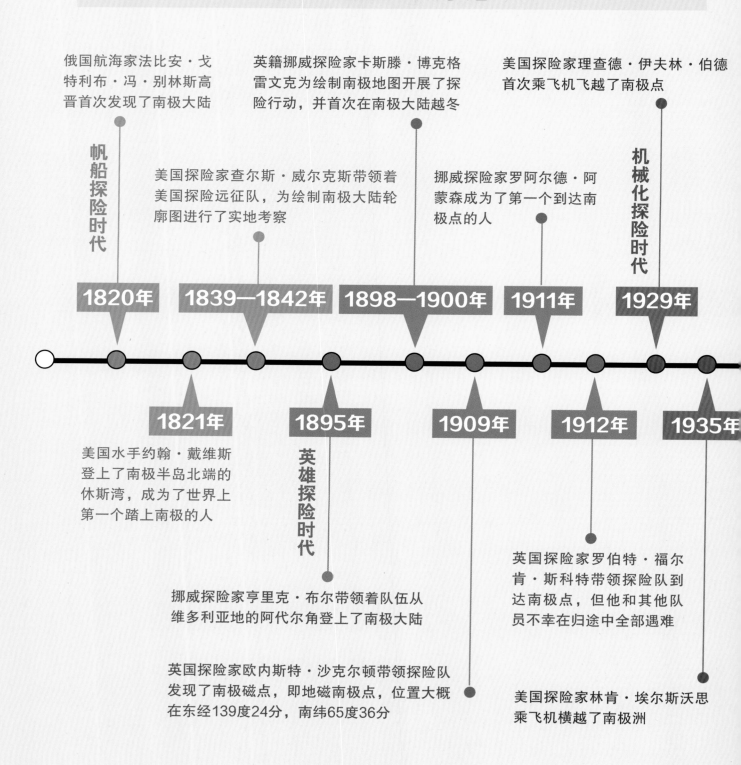

俄国航海家法比安·戈特利布·冯·别林斯高晋首次发现了南极大陆

英籍挪威探险家卡斯滕·博克格雷文克为绘制南极地图开展了探险行动，并首次在南极大陆越冬

美国探险家理查德·伊夫林·伯德首次乘飞机飞越了南极点

帆船探险时代

美国探险家查尔斯·威尔克斯带领着美国探险远征队，为绘制南极大陆轮廓图进行了实地考察

挪威探险家罗阿尔德·阿蒙森成为了第一个到达南极点的人

机械化探险时代

1820年　**1839—1842年**　**1898—1900年**　**1911年**　**1929年**

1821年　**1895年**　**1909年**　**1912年**　**1935年**

美国水手约翰·戴维斯登上了南极半岛北端的休斯湾，成为了世界上第一个踏上南极的人

英雄探险时代

英国探险家罗伯特·福尔肯·斯科特带领探险队到达南极点，但他和其他队员不幸在归途中全部遇难

挪威探险家亨里克·布尔带领着队伍从维多利亚地的阿代尔角登上了南极大陆

英国探险家欧内斯特·沙克尔顿带领探险队发现了南极磁点，即地磁南极点，位置大概在东经139度24分，南纬65度36分

美国探险家林肯·埃尔斯沃思乘飞机横越了南极洲

法国在地磁南极点设立了
迪蒙·迪维尔科学考察站

我国科研工作者秦大河完成了
国际徒步横穿南极大陆的科学
考察，成为了第一个徒步横穿
南极大陆的中国人

英国探险家维维安·富克斯
带领探险队完成了人类首次
从陆地上穿越南极的壮举

丽芙·阿内森与安·班克罗芙特
共同成为了首次滑雪穿越南极大
陆的女性

《南极条约》正式生效

1954年　　**1958年**　　**1961年**　　**1990年**　　**2001年**

1957年　　**1959年**　　**1983年**　　**1997年**　　**2009年**

 科学探险时代

挪威探险家博格·奥斯兰
成为了首位独自穿越南极
大陆的探险家

美国在南极点建立了
永久性科学考察站阿
蒙森-斯科特站

科考人员在东方站（由苏联建于1957年）测得了
零下89.2摄氏度的低温，并把这里定为南极冰点

阿根廷、澳大利亚、比利时、智利、挪威、
法国、英国、美国等国家的代表在美国华盛
顿签署了《南极条约》

中国昆仑站在南极内陆冰盖最高点（冰穹
A西南方向约7.3千米处）建成，标志着中
国成功跻身国际极地考察的"第一方阵"

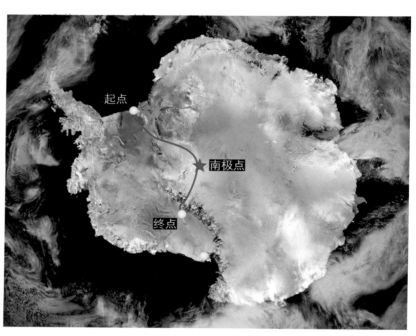

△ 南极探险路线计划图

认真规划路线

选择探险路线也是一门学问，不同的路线将直接决定整个探险之旅的困难程度，以及出现意外时救援工作该如何进行。南极内陆的地形变化多端，想要安全地完成穿越，除了要尽量避开难以跨越的障碍，还要保证行走路线始终在可以得到救援的范围内，这样才算是科学的探险。

2017年，我和我的团队设计了第一版南极探险路线。那时，我国正在筹备建设第五个南极科考站——罗斯海新站，我的第一个方案就是从伯克纳岛海岸出发，经过南极点穿越至位于难言岛的罗斯海新站，全程接近3500千米。由于这条路线实在太长，救援团队提出，仅凭一个人的力量是无法在3个月内走完的。其次，在此之前从未有人走过这条路线，尽管附近有多个科考站，但是截至目前，没有一个国家的科考人员能找到跨越横贯南极山脉进入南极高原的路线。横贯南极山脉不仅有很多断崖，而且长年有可怕的强风。我原本想利用绳索，以岩降的方式从山脉下降到沿海地区，但是由于没有救援保障，我不得不放弃了这个计划。

后来，我咨询了世界上几位经验丰富的极地探险家，又综合了路线长度、所需时间及救援难度等多方面因素，选定了一条最为合适的路线。我对这条路线相对熟悉，20多年前，我的探险顾问博格·奥斯兰曾在类似的路线上完成了风筝滑雪穿越南极的挑战，并将这条路线告诉了我。根据最终版路线方案，我将从伯克纳岛北部海岸的古尔德湾营地出发，以单人越野滑雪的方式抵达南极点，再从南极点穿越横贯南极山脉的阿克塞尔海伯格冰川，最后在罗斯冰架结束探险，全程为2000多千米。

这是一条从未有人完成独步探险的路线，而且难度相对较大，如果我能够顺利走完，将会创造南极探险史上的又一个世界纪录。

能量助力

岩　降

岩降是指利用绳索从岩壁上降落到地面，属于技术含量高、危险系数高的探险运动，用"飞檐走壁"来形容岩降一点儿也不为过。探险者将专业绳索的一端固定在峭壁顶部，将另一端抛至地面，再在自己的腰部系紧安全带，在腹部前方挂好铁锁，连接上绳索和下降器。下降时，探险者会将两腿分开，用前脚掌蹬住岩壁，并用手拉紧绳索，手脚配合着向下移动。如果经验足够丰富，节奏掌握得当，探险者可以通过岩降的方式快速从峭壁回到地面上。

△ 罗尼·菲瑟正在教我风筝滑雪的技巧

单人，无助力，无补给

想要完成南极探险，规划合适的路线是重中之重。多年以来，探险家们走过的经典路线不计其数。不同探险家选择的路线难度、穿越工具、助力情况和补给条件都有所不同，而单人无助力无补给穿越南极大陆的热潮是2016年英国探险家亨利·沃斯利掀起的。

从严格意义上来说，最完整的南极大陆穿越应该是从海岸到极点再到海岸，途经冰架和内陆部分。整段探险必须具备以下3个条件，才能称为不依靠外力支持穿越南极大陆：

单人，就是没有队友同行。

无助力，就是不借助狗拉雪橇（曾经是极地探险方式，现已被禁用）、风筝滑雪及其他外在动力。

无补给，就是不用飞机空投补给物资，或提前沿途设置补给点。

在极地探险中，不借助外力的技术难点在于雪橇船的重量。毕竟衣食住行所需要的物资必须在出发前就准备妥当，而探险路线越长，需要准备的物资就越多，每增加一定的重量都会让探险过程难度升级。为了完成单人无助力无补

△拖着沉重的雪橇船前行

给穿越南极大陆，一定要找到最合理的路线，避免携带太多物资，同时也要保障安全。

对于我本次的南极探险，下面这3条探险路线都值得参考：

1.博格·奥斯兰的探险路线

1996年，博格从伯克纳岛出发，以风筝滑雪的方式经过南极点，最终到达位于罗斯冰架的美国麦克默多科考站。他的雪橇船初始重量约180千克，探险路线全长2845千米，实现了"海岸—极点—海岸"的完整穿越。

博格的前半段探险是从伯克纳岛东北部海岸穿越龙尼冰架和伍杰克岭，再到达南极点，后半段则经过了阿克塞尔海伯格冰川。那里的环境非常原始，明、暗冰裂隙交错，地形复杂起伏，直至今日仍是只有高段位探险家才敢踏足的路线。

虽然博格选择了风筝滑雪，借助了外力，但绝不能就此否定他的探险难度。事实上，一些探险者不选择风筝滑雪的很大原因是不会或不敢。风筝滑雪不是所有探险者都能熟练掌握的技术，尤其在南极的大风和极寒天气里，雪地风筝操控难度巨大，不是一般人能够尝试的，特别是在单人探险中。可以说，博格在这一领域仍然是令人望尘莫及的佼佼者。

2.亨利·沃斯利路线

2016年，来自英国的55岁退役军官亨利·沃斯利首次发起并挑战单人无助力探险。他计划从伯克纳岛南部出发，经过南极点，通过沙克尔顿冰川，最后抵达终点罗斯冰架。他的雪橇船初始重量约220千克，计划路线全长约1770千米。虽然他在距离终点约77千米处因病止步，实际穿越路程为1469千米，但他

大西洋

伯克纳岛

龙尼冰架

太平洋

南极点

罗斯冰架

麦克默多站（美）

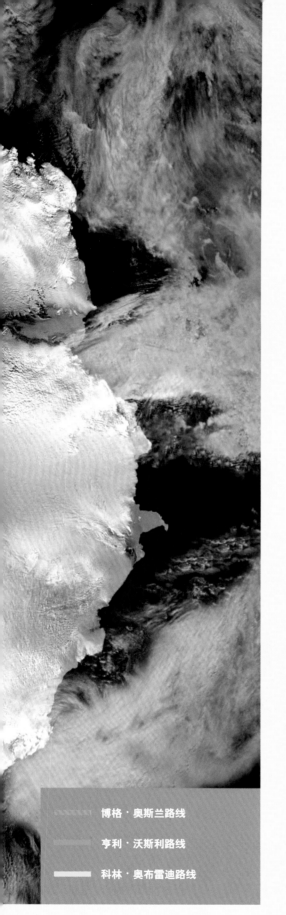

的探险行动仍然是伟大的，那种迎难而上的精神激励着更多探险家向未知的领域前行。

3.科林·奥布雷迪路线

2018年，来自美国的科林·奥布雷迪从龙尼冰架和南极内陆的交界处出发，以单人无助力无补给的方式抵达南极点之后，通过莱弗里特冰川，最终抵达南极内陆与罗斯冰架的接壤处。他的雪橇船初始重量约170千克，探险路线全长1448千米。

科林的探险路线呈L形，没有考虑冰架部分，前半段选择了目前到达南极点最商业化、最简单、最短的路线——梅斯纳尔路线；后半段则沿SPOT公路（South Pole Overland Traverse Road）通过莱弗里特冰川——这是2005年到2006年由美国政府铺设的一条连接南极点及罗斯冰架上美国麦克默多站的重型车辆道路。SPOT公路非常平坦，有现代化的路标，还经常有车队经过，因此，选择这条路的探险难度完全不能与前两位相提并论。

经过再三考量，我最终决定参考博格·奥斯兰的穿越路线，但不选择风筝滑雪，而是以越野滑雪的方式，单人无助力无补给从海岸经过南极点再抵达罗斯冰架。我计划用85天走完全程，雪橇船的初始重量近200千克，全程近2000千米。

博格·奥斯兰路线

亨利·沃斯利路线

科林·奥布雷迪路线

精心筹备物资

确认好路线后，下一步要做的就是准备探险所需的各种物品，包括食物、探险装备、通信设备、能源设备、拍摄设备、科考设备……每一件物品都是我精心挑选的。我将拖着它们行走3个月，所以在保证性能的前提下，要尽可能地将它们的重量减到最轻。

所有物品中，最重的当然是食物。我准备了100天的食物，包含早中晚3顿正餐和行走时吃的路餐，总重量为130多千克，相当于平均每天吃1.3千克左右。准备这些食物时，我不仅需要考虑它们能够提供多少能量，还得考虑如何搭配才能营养均衡。

△ 去南极探险需要携带大量的食物

▷ 即将发往智利的物资

早餐：主要为燕麦粥，搭配
食用油、葡萄干，以及少量的奶
粉和蛋白粉。

午餐：以高油脂的方便面、萨拉米
（一种特色腌制肉肠）为主。

晚餐：以米饭和意大利
面等压缩食品为主。

路餐：坚果、薯片、巧克力、牛
肉干、芒果干、糖果、维生素糖等。

另外，我准备了自己设计的探险服装、通信能力超强的卫星电话、性能极好的太阳能充电板和蓄电池，还有必不可少的雪橇船和滑雪装备。虽说所有东西都是一人份的，可加在一起也非常重，足足有185千克，超过两个成年人的体重。幸好我提前做了大量的拉雪橇训练，在探险过程中，我会把这些物品都装在雪橇船里，一路拉着它们前行。

采集科学样本

除了探险，我此行还有一个重要的目的，那就是沿途采集冰雪样本，完成南极内陆剖面的冰川科考。

能量助力

不可接近地区——冰穹A

海拔约5000米的文森山是南极大陆的最高点，而冰穹A是南极内陆冰盖的最高点，海拔超过4000米。这是南极内陆冰盖距离海岸线最遥远的一个冰穹，因为极度严寒，极度缺氧，环境极度恶劣，被称为"不可接近地区"。

最先登上冰穹A最高点的是我国的一支科考队。2004年12月，由13人组成的中国第21次南极考察昆仑科考队从中山站出发，于2005年初抵达冰穹A，并将一根标志杆深深地插在了雪地里。这是一个历史性的时刻，标志着人类首次确定了南极内陆冰盖的最高点。

在此之前，仅有秦大河院士成功采集了南极内陆800多个雪样。他在1989到1990年穿越南极的科考过程中每隔55千米就会采集一次雪样，并观察雪层剖面的变化。采集雪样时，他先在雪地里挖一个长约2.5米、宽约1.2米、深约2.2米的雪坑，再用专门的仪器每隔2厘米采一个雪样，装入事先净化过的塑料小瓶里。整个过程中，他非常细心、谨慎，在采样前会穿上防护衣，每采一个样换一双手套，每采10个样换一次口罩，因为雪样如果被污染就会失去研究价值。

南极不仅气温极低，而且常常刮风。挖雪坑要费很大的力气，有的地方雪层坚硬，挖一个雪坑就要花几个小时。因此，在整趟横穿南极的征途中，秦大河获得的每一个数据、采集的每一个样本、写下的每一个记录，都是极其不易的。而他不仅挑战了体能极限，甚至采集到了南极"不可接近地区"内一套完整的珍贵冰雪样本，填补了冰川学研究的空白，成为了世界上唯一一个拥有完整南极冰盖表层1米以下冰雪样本的科学家。

在研究了秦大河院士的采样，并和一些冰川学家探讨后，我也制定了自己的科学采样计划。我将采集西南极至东南极的冰雪样本，其中包括表层雪样和雪坑样，覆盖海岛、冰架、横贯南极山脉、南极点及内陆的多种地形。由于独自穿越南极的人力有限，我必须使采样工作简单易行。采集表层雪样比较容易，而采集雪坑样需要先挖一个0.6到1米深的雪坑，再从坑底每10厘米获得样本。我准备了许多5毫升的样本瓶，计划每隔20千米左右采集一次表层雪样，整段探险过程中尽可能地采集雪坑样，同时记录相对应的GPS（全球定位系统）坐标。等我返程后，专家会对这些样本进行分析，从空间尺度和时间尺度检测其中所含的污染物和微粒，分析污染物的来源。

另外，在专家的指导下，我还计划采集自己的生理样本和心理样本。所谓生理样本，就是我在探险过程中产生的唾液、尿液等排泄物，这些可以供专家分析人在极限条件下的身体变化。至于心理样本，我在探险过程中除了每天要在心理量表上测评

△ 雪坑及冰雪样本瓶

▷ 采集心理样本——用画画记录心情

自己的心理状态，还需要画一幅画。这是因为，在自行检测时，我可能会不自觉地隐瞒真实情绪，但绘画能反映出我潜意识里最真实的心理状态，以供专家进行分析。

现在，我已经做好了出发的准备。我的一部分物资会通过国际快递先发往智利最南端的城市蓬塔阿雷纳斯，那是一座距离南极很近的城市。不久后，我将搭乘航班前往那里。足足两年的准备，兑现诺言的时刻终于来临了——出发！

我距离南极越来越近，距离实现梦想似乎只有一步之遥……理想很美好，现实却很残酷。俗话说，万事开头难，可我没有料到，第一个难题在我还未踏上南极大陆就到来了。

05

踏上南极大陆

△ 在蓬塔阿雷纳斯等待装备时，我虽然焦急，但仍在努力调整状态

2019年10月25日，我从北京出发，经过30多小时的长途跋涉，终于抵达了智利的蓬塔阿雷纳斯。这里是麦哲伦海峡沿岸有名的港口城市，也是进入南极的重要口岸。我激动地以为我的探险之旅即将从这里起步，却没想到还没开始就差点儿结束了……

时间真的是生命

由于智利国内发生了暴力冲突事件，我在一周前寄出的雪橇船和滑雪装备等核心物资被滞留在圣地亚哥（智利首都）海关。为了尽快拿回物资，我在到达智利后，每天都不断地跟物流公司沟通情况。随着时间一天天地过去，进入11月后，我错过了两趟前往南极的航班，焦虑和压力让我喘不过气来——精心筹备了两年的探险若因此结束，所有人的努力都将化为乌有。

△ 接到滞留已久的物资，此时已是11月9日

经过与物流公司的多次协商，我终于拿到了物资，此时已经比我计划出发的时间晚了11天。南极的天气异常复杂而且变化多端，每一趟去往南极的航班都没有固定的起飞时间，我只能耐心地等待下一趟航班。

大家也许不知道，对于穿越南极的探险者来说，时间就是生命。南极仅有夏、冬两季之分，每年11月到次年1月是夏季，天气相对稳定，气温比冬季要高，这意味着适合人类去探险的时间只有短短3个月。我原本计划用85天的时间穿越南极，现在还剩下约75天，每推迟1天都会让我这次探险的难度和风险增加。终于，在智利时间11月11日，我登上了去往南极的航班，满怀希望地来到了重要的中转站——联合冰川营地。

能量助力

冬夏之分

去南极探险一定要选在夏季，因为这段时间太阳24小时都在地平线之上，探险者不用带任何照明装备，还可以利用充足的太阳能为各种设备充电。在夏季，虽然南极内陆的温度依然在零下35到零下10摄氏度之间，但这已经是温差最小的时候了。如果在冬季，那么全天24小时都是黑夜，尽管偶尔会有极光，但探险者根本看不清路，无法辨别前方的地形，如果遇到冰裂隙将会相当危险。此外，由于没有阳光的照射，冬季的南极气温很低，一般为零下70到零下40摄氏度。在这样的环境下，仅有极少量科考队员会驻守在常年科考站越冬，南极内陆几乎是一片寂静，仅有黑夜与白雪相伴。

极地奇景 —— 极光

在北极出现的极光被称为"北极光"，在南极出现的极光被称为"南极光"。极光的英文名称是"aurora"，音译为"欧若拉"。在古罗马神话中，欧若拉是黎明女神，掌管着黎明的曙光。而在极地的漫漫黑夜中，极光也用它独特的光芒照耀着夜空。

其实，美丽的极光是一种发生在极地高空的大气物理现象。当太阳风（来自太阳的高速等离子体带电粒子流）到达地球的磁层空间时，会因地球磁场作用而折向南北两极附近，然后与高空中的大气发生复杂的相互作用和放电现象，从而产生明亮的光带，这就是极光。极光不仅颜色绚丽，形状也变幻莫测，就像夜空中一条条飘逸的彩带。

拜访"南极土著"

联合冰川营地位于壮观的埃尔斯沃思南部山脉的联合冰川之上，只有乘坐飞机才能抵达。这里是南极唯一的商业运营接待区域，也是各种南极探险旅游项目的过渡营地，可以为来到这里的探险者提供全方位的服务。

我刚到达联合冰川营地，就马不停蹄地与各个部门联系：安全及旅行部门负责定位和救援，医疗部门负责药品和医务支持，还有负责天气预报、装备补充等工作的不同部门。全部沟通完毕后，我仅在这里停留了一晚，便登上了下一趟飞机，前往我此次探险的起点——伯克纳岛。这趟飞机途中会经过古尔德湾营地，顺路送几位专程来看企鹅的游客，也让我有机会能一睹"南极土著"的风采。

古尔德湾营地距离联合冰川营地约676千米，位于威德尔海南部，龙尼冰架的前方。它建立在冰冻的海冰之上，是唯一一个海冰上的南极旅游营地。帝企鹅、阿德利企鹅、威德尔海豹、南极贼鸥、雪海燕等极地动物都生活在这里。这些动物中最引人注目的就是帝企鹅了，可能是因为经常见到人类，当我路过它们身边的时候，它们一点儿也不感到好奇，而是淡定地注视着我这个"外来客"。

近年来，受到气候变化的影响，极地的生态环境发生了剧烈的改变。帝企鹅的食物来源大幅度减少，所栖身的海冰也逐渐消融，这严重威胁到了它们的生存。尽管帝企鹅有着令人惊叹的顽强生命力，但是面对快速变化的环境，恐怕生命力再强的物种也无法适应。有科学家提出，如果人类不能及时控制住全球变暖的局面，那么帝企鹅将在本世纪末濒临灭绝。我在前面说过，此次我去南极探险的最终目的就是呼吁更多人关注气候变化的问题，想办法保护神秘的极地世界。看着眼前这些笨拙又可爱的"南极绅士"，想象着它们面临的生存困境，我更加坚定了前行的信念。

能量助力

企鹅的种类

目前，世界上的企鹅一共分为6属18种：王企鹅属包括帝企鹅、王企鹅2种；阿德利企鹅属包括阿德利企鹅、巴布亚企鹅、帽带企鹅3种；冠企鹅属包括南跳岩企鹅、北跳岩企鹅、翘眉企鹅等7种；环企鹅属包括斑嘴环企鹅、麦哲伦企鹅、洪堡企鹅等4种；黄眼企鹅属仅包括黄眼企鹅1种；小蓝企鹅属仅包括小蓝企鹅1种。

企鹅家族闪亮登场

　　企鹅是一种古老的游禽，虽然属于鸟纲但不能飞翔，而是擅长游泳，有"海洋之舟"的美称。下面有请企鹅家族的部分代表登场亮相：

帝　企　鹅

　　帝企鹅是世界上现存体形最大的企鹅，成年个体的身高通常在90厘米以上。它们的颈部呈淡黄色，耳部呈橘黄色，腹部为白色，背部及鳍状肢则是黑色的。帝企鹅是唯一一种在南极的冬季进行繁殖的企鹅，最喜爱的食物是鳞虾。它们走起路来摇摇晃晃的，遇到不好走的地方索性就用肚皮贴着地面滑行，看起来萌态十足。

王 企 鹅

　　成年王企鹅长得跟帝企鹅很像，身高也能达到90厘米，体形在企鹅家族中仅次于帝企鹅。与帝企鹅不同的是，幼年王企鹅通体呈棕色，像一颗巨型猕猴桃；成年王企鹅的"西服领口"是收紧的，"领口"下方露出橘黄色的颈部。有人将王企鹅评为南极企鹅中姿势最优雅、性情最温顺、外貌最漂亮的一种。

阿德利企鹅

众多企鹅之中，阿德利企鹅和帝企鹅的生活区域相对更靠近南极内陆。阿德利企鹅的头上有一对明显的白眼圈，长相颇具喜感。它们的脾气比较暴躁，在心情好的时候会主动帮帝企鹅保护幼崽，但到了繁殖期，它们就会开始欺负帝企鹅幼崽，以便给自己将要出生的宝宝腾出足够的地方。

帽 带 企 鹅

帽带企鹅的下颌处有一道黑色条纹，加上黑色的头顶，整体看起来就像一位戴着帽子的警官。与绝大多数企鹅差不多，帽带企鹅的主要食物也是磷虾、鱼类等。它们是岸边的掠食者，经常在浮冰上觅食，偶尔也会潜入水中觅食，但每次下潜不会太久，游动距离也不会太远。

巴布亚企鹅

　　巴布亚企鹅又叫白眉企鹅、金图企鹅。它们的模样憨厚可爱，成年个体的身高通常为60到80厘米，眼睛上方有一块明显的白斑，嘴巴两侧呈鲜艳的红色。它们是游泳的好手，游动速度可达36千米每小时，有时也可以下潜到100米深的水中，但下潜时间维持不了多久。

它们也生活在南极……

象 海 豹

　　胖嘟嘟的象海豹是海豹家族的巨无霸。雄性象海豹的体长一般为4到6米，体重超过2吨；而雌性象海豹的体形略小于雄海豹，身材更为"苗条"，体重约为雄海豹的一半。象海豹行动缓慢、反应迟钝，就算有其他动物来到它们身边，它们也毫不理会，继续躺在海滩上呼呼大睡。

威德尔海豹

　　威德尔海豹是由英国探险家詹姆士·威德尔命名的。这是一种非常古老的哺乳动物，有"活化石"之称。成年的威德尔海豹可以长到3米左右，体重超过300千克。它们常出没于海冰区，并且能在海冰下度过漫长黑暗的寒冬。为了进行呼吸，它们会用锋利的牙齿在冰层上啃出大洞，时不时地将头探出水面。

豹形海豹

豹形海豹的体长通常为3到4米，体重为300到500千克。它们的体色由灰色过渡到深褐色，上面布满斑点。海豹家族的成员在陆地上行动迟缓，但进入大海后会变得敏捷而迅速，豹形海豹当然也不例外。豹子是陆地上的猎食者，豹形海豹同样不是吃素的。它们在南极处于食物链顶端，只有虎鲸是它们唯一的天敌。

座头鲸

座头鲸是须鲸的一种，遍布全球各大海域，有洄游的习性——夏季到冰冷海域觅食，冬季到温暖海域繁殖。它们虽然不是世界上最大的鲸（蓝鲸才是最大的鲸），但也是海洋中当之无愧的庞然大物。成年的座头鲸体长超过12米，体重超过25吨。它们的嘴里没有牙齿，只有宽大的须板，以滤食的方式来获取食物。

南 极 磷 虾

　　南极磷虾是生活在南极海域的一种磷虾。它们有可发光的荧光器官，身体十分娇小，体长通常为6厘米左右，以微小的浮游植物为食。南极磷虾以群聚方式生活，种群数量很大，有时密度可以达到每立方米3万只，是企鹅、海豹、蓝鲸等南极生物的重要食物来源。

南极贼鸥

南极贼鸥是一种稀有珍禽，但因为个性凶猛，喜欢欺负其他动物，所以在南极臭名昭著。它们的体形比普通海鸥大一些，身体呈棕褐色，黑亮的眼睛炯炯有神。由于好吃懒做，喜欢不劳而获，南极贼鸥得了个"空中强盗"的外号。它们从不自己筑巢，总是霸道地抢占其他海鸟的家，有时候还会直接从其他海鸟口中抢夺食物。

雪 海 燕

雪海燕又叫雪鹱，是生活在南极地区的一种海燕。它们的体长为40厘米左右，外形有点儿像鸽子，也被称为"南极雪鸽"。除了眼睛、嘴和爪子外，它们全身长着洁白的羽毛。虽然有很多鸟都生活在南极，但它们大多是随着季节变化"移民"过来的，而雪海燕是实打实的"南极土著"，一身漂亮的白色外衣与雪景十分相配。

漂泊信天翁

漂泊信天翁是生活在南极地区的一种体形很大的信天翁。它们的翼展平均为3.1米，最长可达3.7米，大概相当于两个成年人的身高。漂泊信天翁"鸟"如其名，一生几乎90%的时间都在海面上漂泊。它们不仅飞行能力很强，还擅长潜水，可以下潜到12米深的水中捕食小鱼和乌贼。

朝着梦想，前进！

　　飞机再一次起飞、降落，把我带到了伯克纳岛北部的海岸。我搬运下所有装备后目送着飞机离去，在接下来的几十天里，我就要独自面对一切未知的考验了。晴朗的天气让我心情极好，暂且不去想自己能否成功穿越南极大陆，只要双脚真正踏上征途，在我看来就已经像梦一般美好了。

　　不管是吃的喝的，还是用的住的，我把需要携带的所有东西都放在了雪橇船里，包括食物、帐篷、充电装备、滑雪装备、科考仪器、拍摄仪器，以及燃料等。常年登山的经历使我养成了按功能整理装备的习惯，以便在需要时能用最快的速度把它们找出来。另外，我还准备了一个带有牵引带的背包，准备在越过冰裂隙等危险地带时使用。这个背包里有卫星电话、定位装置、上升器（用来攀登冰壁的工具）等，我经过危险地带前会把它背在身

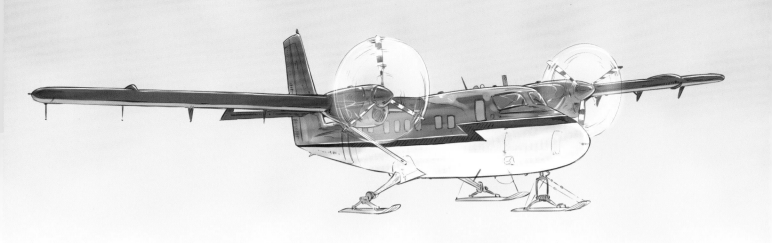

上，如果雪橇船不幸掉入了裂缝，我可以依靠背包里的装备进行自救，并拨打卫星电话请求飞机救援。

我望了望一片雪白的大地，开始尝试着拖动雪橇船前进。我刻意没有去看定位系统上显示的速度，而是完全凭自己的感觉和状态踩着越野滑雪板前行。行走1小时休息10分钟为一段，直到走完8段，我决定结束今天的行进，支起帐篷休息。坐在帐篷里，我丝毫没有感觉到累，正暗自窃喜，可一看定位系统，我的心顿时凉了半截：天哪！只走了15千米？

这比我预期的行进速度慢了太多。如果要完成全长2000千米的路程，我必须平均每天行走25千米以上。虽然所有经验丰富的极地探险家都会在第一周放慢速度、调整节奏，但是一想到之前因为物资滞留耽搁的时间，我说不着急那是在自欺欺人。

计划完全被打乱，行进速度不够快，这让我非常发愁。明天我能否按照计划顺利前进？一切都还是未知数……

背包里一般不会装太多东西，仅
有卫星电话等紧急通信设备，以
及少量的水和路餐，方便随时补
充能量。大部分时间会把背包放
在雪橇船上，背包里的电话和食
物则放在衣服口袋里。

雪橇船全长 240 厘米，宽 65 厘米，高 35 到 47 厘米，由碳纤维制成，防水防腐，总重量不到 10 千克。
船身经过特殊设计，增强了横向稳定性和负载能力，与雪地的摩擦力适中。雪橇船是最重要的物资储
存装备，探险过程中用到的物资几乎都放在其中，包括食物、帐篷、充电装备、滑雪装备、科考仪器、
拍摄仪器，以及燃料等，初始重量为 185 千克左右。

上层：帐篷、备用滑雪板、备用
手杖、拍摄仪器等。帐篷杆比较
长，每天不会完全折起来，而是
放在雪橇船最上层的位置，旁边
是备用滑雪板和手杖，靠后部分
有一个睡袋仓，专门存放睡袋。

拉上雪橇船的拉链，最上面
放太阳能充电板。

（仅为示意图）

后部：存放所有燃料，
约 30 千克。

中部：雪橇船中部存放重量占比最
大的物资——食物，以保证雪橇船
的平衡。食物早已按天提前分配好，
每天一袋，方便取用。

前部：每天在帐篷里需要用到
的物品和零散的备用装备，比
如炊具、科考工具等。

GPS 导航仪

指南针

太阳镜

排汗帽

面罩

渔网服

冲锋衣

羽绒背心（特别冷的时候才会套上羽绒服）

安全带及背带，连接着背部的雪橇拖拽系统

保温层：羽绒手套或羊毛手套

排汗层：抓绒手套

防风层：防风防水手套

手杖

滑雪靴

羊绒袜

越野滑雪板

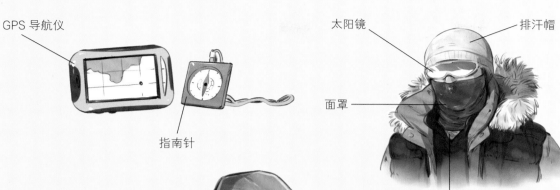

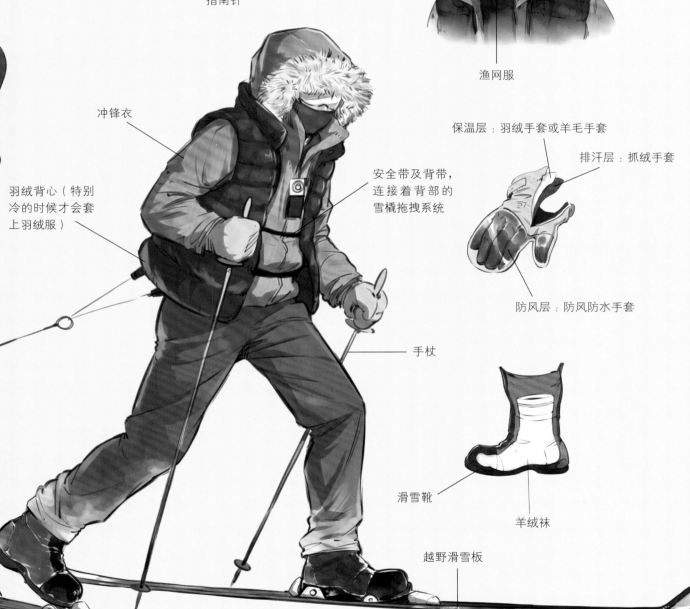

06

突如其来的"见面礼"

就在我满怀希望地踏上南极后，南极却给了我一个下马威。原计划完全被打乱，行进速度不够快，我似乎已经骑虎难下。但是，这是我精心筹备了两年的探险，说什么也要继续走下去，面对困难，只有行动起来才能击败畏惧。

牟墉（白玛南疆） 摄影

△ 即将变天的南极

一波未平，一波又起

经过思考，我意识到了问题所在，重达185千克的雪橇船前后装载不平衡，严重拖慢了我的速度。于是，结束一天的行进后，我又重新整理了一遍装备，为第二天出发做好准备。另外，我还将用处不大的东西清出来打包好，把定位发给探险公司，请他们稍后根据定位把这些物品带走，以避免对南极环境造成影响。

物资装配平衡后，我本期待自己可以有更好的状态，万万没想到，接下来南极竟然毫无征兆地变天了。极地特有的乳白天空骤然降临，天与地都是白茫茫的，混成一片，能见度非常低，如果不是地心引力使我的双脚站在地上，我根本分不清哪是天，哪是地。

乳白天空

　　乳白天空是南极时有发生的天气现象，也是南极的自然奇观之一。这种现象的产生与阳光、冰雪和云层有关。当阳光照射到如镜子一般的冰面上时，会立即反射到低空云层，而低空云层中无数细小的雪粒也像千万个小镜子，使光线散射开来，再反射回地面的冰层上。如此来回反射，便产生了大量令人眼花缭乱的乳白色光线，形成了一片混沌的乳白天空。

　　当出现乳白天空时，能见度不足1米，周围的景物仿佛都融在浓稠的乳白色牛奶里。这是探险者非常不愿意遇到的情况。在极地行走本来就比较危险，如果再分不清方向，看不到前方的路，甚至因为头晕目眩而失去意识，那么后果将不堪设想。

崔巍 摄影

更糟糕的是，当气温急速下降，我在中途休息时为了保暖便脱掉手套，准备穿上羽绒服。然而，一阵疾风竟然把我的手套吹走了！我赶紧去追手套，可猛烈的风又把我还没穿好的羽绒服卷飞了。我果断放弃手套，转身去追羽绒服，眼看快要追到时，一阵风又把它吹了出去，很快它就在一片乳白中消失得无影无踪。一瞬间，我几近崩溃。没有了羽绒服，我该怎么在这么低的温度下生存？

冷静应对，有惊无险

　　追着羽绒服跑出去好远，我的周围是无穷无尽的白色。身后的雪橇船不见了，连来时的脚印也快被吹没了。在狂风中，我借助马上消失的脚印才惊险地摸回了雪橇船。坐在雪橇船旁边，我的心情跌到了谷底。此次探险前，我对南极怀着最大的期待和敬畏，没想到南极却毫不领情，给了我一个又一个打击。一眨眼的工夫，我的两件核心装备说没就没了。零下三四十摄氏度，没有手套和羽绒服的我会被冻死吗？对于变化无常的南极来说，要吞噬一个人，是一件轻而易举的事情。

我承受着巨大的压力，继续前进了一段，找到一块相对安全的地方搭建营地。我告诉自己必须冷静下来，当下先得看看如何解决保暖问题。虽然我带了一双备用的手套，但是它很薄，没有防风功能，而且我也没有备用的羽绒服，目前可以用于保暖的是一件羽绒背心。尽管不如原先的装备，但是勉强能用，不至于让我被冻伤。确保自身安全后，我开始联络探险经理和救援团队，向他们汇报自己的状况——

◁ △ 丢失羽绒服后，我的心情非常沮丧
▽

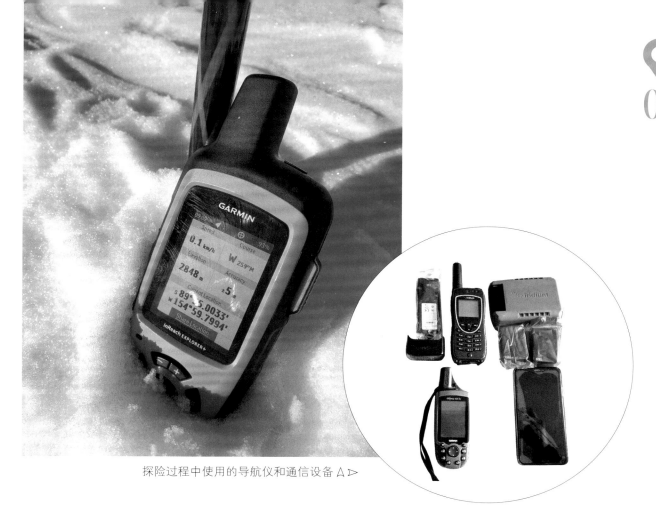

探险过程中使用的导航仪和通信设备 A ▷

1.联系我的妻子兼探险经理虎姣佼及南极营地经理戴文·麦克迪尔米德（Devon McDiarmid）：姣佼提出要准备新的手套和羽绒服，并请戴文将它们带到南极点营地，以备日后需要补给。

2.联系安全部门的负责人西蒙·亚伯拉罕斯（Simon Abrahams）：列举自己现有的保暖装备，确定可以应对当前的状况，暂时不需要飞机投递补给物资。

3.联系医疗部门的医生：确认自己的身体情况，没有出现冻伤，暂时无医务需求。

向各部门一一汇报完毕，我确定危机暂时解除，紧绷的神经才慢慢松弛下来。疲惫的我在帐篷里沉沉地睡了过去……与此同时，姣佼却接到了探险顾问拉尔斯传来的坏消息："未来的一周都是暴风雪，风速会达到20米每秒。这可能是近20年来，伯克纳岛在11月初迎来的最糟糕的天气了。"

而这一切，在梦里的我还毫不知情。接下来，等待我的将会是什么呢？

艰难地找回了行装

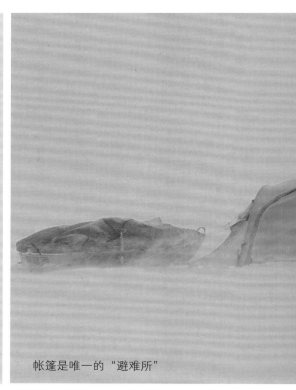

帐篷是唯一的"避难所"

为抵挡风雪搭建雪墙

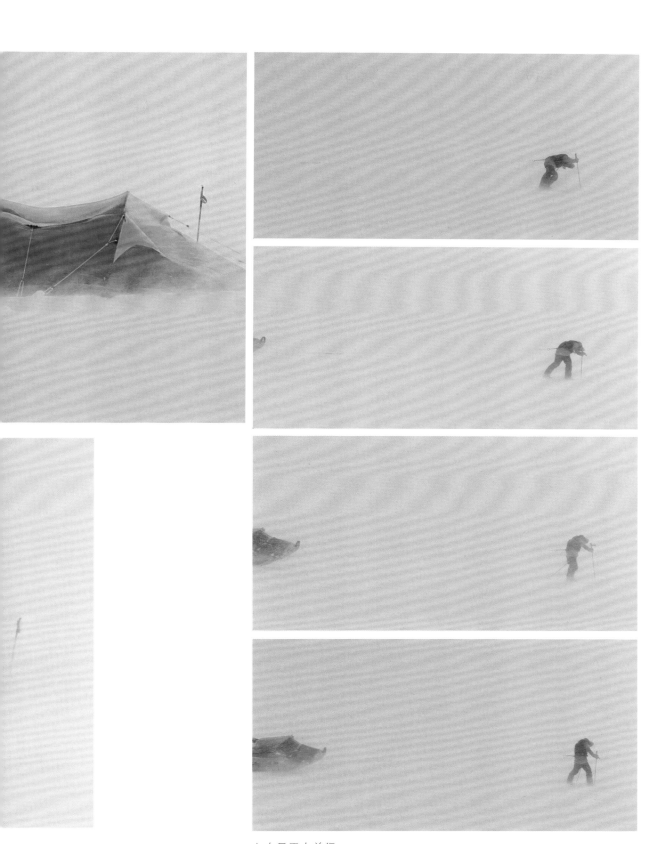

∧ 在风雪中前行

祸不单行，险些丧命

第二天，我恍恍惚惚地睁开眼睛，发现已经到了该出发的时间。每天我都要烧一些水带在路上喝，于是，我从帐篷口拿了一些干净雪块放进锅里，用火柴点燃炉子。就在这时，意外发生了。一瞬间，一簇火苗向帐篷底蹿去，帐篷中央突然燃起了熊熊火焰。我定睛一看，原来是白汽油从油罐中溢出来，浸湿了帐篷底部。

我一脸怔忪，拎起旁边的一个空驮包往火上压，试图减小火势。可是没想到，驮包的材料跟帐篷一样易燃。一转眼，驮包也开始燃烧起来，火苗儿蹿得老高，眼看就快到帐篷顶了。我不顾身上单薄的衣服，飞身钻出帐篷，抢起帐篷口的雪铲，拼命把雪往大火上倒，浑然不觉得冷。那一刻，我只感到脑袋嗡嗡发热，神经高度紧绷。已经没了羽绒服，如果连帐篷也被烧毁，那么我的生命将很可能被这片白色荒漠吞噬……

大量的冰雪最终战胜了火焰。确定火熄灭后，我扔下雪铲回到了帐篷里。"福无双至，祸不单行"，丢了羽绒服的第二天，我竟把帐篷底烧出了一个脸

△ 用来烧水的锅和油罐

△ 额头上面的头发已经烧成"方便面"了

△ 帐篷底烧出的大洞

盆大小的洞。织物燃烧后的黑色残留物静静地躺在露出的白雪上，帐篷里的杯子、水壶、卫星电话等物品散落在另一边的角落。我长长地叹了一口气，面部的一点儿动作瞬间让我觉得脸上火辣辣的。抬手一摸，额头掉下一些灰色粉末，我赶紧掏出指南针，打开内侧的反光镜一照——原来我不仅烧了帐篷，还烧了自己的头发。

我压抑着无处发泄的愤怒，开始慢慢地检查和整理帐篷里的物品。燃烧的驮包还剩下一些面料，其他东西并没有什么损坏。我怏怏地坐在大洞前发了一会儿呆，突然有一丝醒悟，我应该收拾的不仅是这些物品，更是自己的情绪。仓促的出发让我来不及调整好状态，于是我决定暂时放弃前行，先修复破损的帐篷，还有自己的心态。

驮包的剩布料引起了我的注意，如果用这些布料来修补帐篷底的洞再好不过了。我拿出小刀、针、牙线等工具，开始一针一针地缝合，不一会儿帐篷底就补好了，而且还剩下两块巴掌大的布料。这布料一定程度上也可以防风，我灵机一动，想起了昨天被风吹走的手套，于是用工具刀稍作裁剪，缝出了一只连指手套。

重整旗鼓，再次出发

帐篷里的我还没完全赶走内心的阴霾，帐篷外的狂风就先到来了。强劲的大风夹杂着冰雪，像猛兽一般咆哮而来，帐篷被大风狠狠地拉扯着，不断发出巨大的声响。我拿起卫星电话，看到姣姣发来的信息，得知南极"贴心"地给我准备了一份"见面大礼包"——整整一周的暴风雪。这个坏消息让我原本就很沮丧的心情一下子变得更加沉重：这次的探险为什么从一出发就如此艰难？面对可怕的暴风雪，我是应该待在帐篷里等待，还是应该想办法做些什么？

尽管前路危险重重，但为了不耽误探险计划，我决定尝试着继续前进，而不是在原地坐以待毙。对于探险者来说，根据天气来制定行走路线是十分重要的事情。首先，我要考虑几个关键因素：风向、风力和温度。

风向，即风吹来的方向。假如我想从A点走到B点，尽管直线距离最短，但这也许并不是最佳路线。我需要根据风向来决定朝哪个方向前进，以便让风能吹到我的后背或者侧后方，避免逆风而行，把风可能带来的阻力转化为动力。这几天，伯克纳岛的风多为东风和东偏东北风，因此对我来说，最适合的前行方向是西偏南5到20度，可以让风正好吹到我的后背。

其次，由于伯克纳岛的地形是中间高两边低，所以我决定，趁着风力还没到最大时，先向东爬到伯克纳岛中部，等风力加大时再朝西背风行走，下坡和顺风都会让我的速度提升。当然，刚开始的逆风前行会给我带来不小的冲击。冷空气顺着伯克纳岛中部的隆起地带气势汹汹地俯冲而下，狠狠地打在我的身上，还顺着我的呼吸不断地灌进喉咙和肺部，那感觉难受极了。

中途休息时太过寒冷，我想到了备用睡袋，赶紧把它拿出来裹在身上。睡袋的面积太大了，我生怕它再被大风卷走，便将它攥得紧紧的。感受着它带给我的温暖，我的身体放松了一些，大脑却飞速运转起来。备用睡袋太大，披在身上很容易被吹走，而且少了袖子，我的双手没办法露出来。能不能对它进行一下改造呢？这个念头使我兴奋起来，于是我开始思考一个又一个改造方案。

南极对我的考验会有所减轻还是不断加剧？尽管遭遇了诸多不顺，我仍对未来的每一天充满期待……

能量助力

杀 人 风

南极的风对于探险者来说非常致命，人送外号"杀人风"。南极被称为"世界的风极"，也被称为"暴风雪的故乡"。寒冷的南极冰盖就像一台制造冷风的机器，每时每刻都在用自己的躯体冷却空气，孕育风暴。另外，南极大陆是中部隆起、四周逐渐降低的高原，一旦沉重的冷空气沿着高原光滑的表面向四周俯冲，顷刻间就会狂风大作，出现一场可怕的极地风暴。风暴在雪白的大地之上自由呼啸、肆意妄为，使探险者显得十分渺小，就像汹涌流水中的一片叶子。历史上曾有不少探险者在突如其来的风暴中失去了生命。

在南极如何导航？

在没有网络信号的冰天雪地里，如何辨认方向是完成探险的关键问题之一。想搞清楚如何在南极导航，我们首先要了解两个概念：地理南极点和地磁南极点*。

地理南极点位于南纬90度，站在这个点上，不管面朝哪个方向都是北方。而地磁南极点与地理南极点并不重合，存在着一定的磁偏角。地球磁场的磁轴与地球表面相交于两点，靠南的是地磁南极点，靠北的是地磁北极点。地磁南极点大概位于东经139度24分，南纬65度36分。在通常情况下，指南针所指的"南方"其实是地磁南极点——它与地理南极点之间还有很大一段距离。因此，完全跟着指南针走是无法抵达地理南极点的，还需要用GPS导航仪进行辅助。

你们可能会问，为什么不直接用GPS呢？这是因为，一直使用导航仪非常耗电，尤其是在低温环境中。当南极出现乳白天空，天地一色、没有光照时，能源更是紧缺，所以，极地探险者一般都将GPS和指南针配合起来使用。

每天出发前，我都需要用GPS计算好磁偏角，在指南针上修正角度，使指南针所指的"南方"就是地理南极点的方向，再按照这个方向前进。

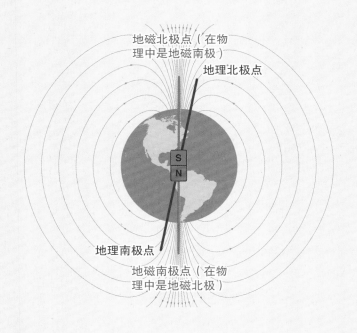

地磁北极点（在物理中是地磁南极）

地理北极点

S N

地理南极点

地磁南极点（在物理中是地磁北极）

＊探险过程中说的地磁南极点在物理上其实是地磁北极。如果地球是一块巨大的磁铁，那么它的南端为磁北极，北端为磁南极。"地南磁北，地北磁南"，才能吸引指南针指向真正的北方或南方。

在地球上，要说环境最恶劣的地方，我认为南极可以荣居榜首。刺骨的寒风、复杂的地形、多变的天气……这样的环境似乎能把所有的苦难放大，比如人的孤独、无助和恐惧。在经历了乳白天空，弄丢了重要的羽绒服后，我的心情几近崩溃。不过，我努力地调整自己的状态，继续顶着风暴前行，还计划着把备用睡袋改造成羽绒服。更重要的是，来自亲人和朋友的支持给了我源源不断的前行动力。不到万不得已的那一刻，我绝不会放弃自己的探险！

暴风雪后的欣喜

遥远的问候

晚上，我扎好营地后，通过卫星电话联系了姣佼。她为我带来了家人和朋友们的鼓励，尽管相隔万里，但是大家一直在关注着我的探险，这让我觉得非常温暖。同样送来鼓励的还有我的老朋友博格·奥斯兰。在地球的另一端，他和瑞士传奇探险家迈克·霍恩正在进行穿越北冰洋的探险。

现在，我所在的南极地区是极昼，而北极的部分地区已是极夜。他俩在北极进入冬季时出发，驾驶着航船，从阿

拉斯加山区的诺姆地区前往北冰洋，
然后继续行进800千米，去往位于挪
威斯瓦尔巴群岛北部的冰层边沿。
2018年，博格在北极的探险曾因天
气和海冰情况不好而取消，这回他卷土重来，再次踏上了征途。但是，受
全球变暖的影响，北极的冰盖融化得更加严重，博格和迈克的探险过程异
常艰难。在这样的情境下，博格仍然惦记着我的南极探险，这份情谊值得
我铭记。

　　同时，远程给予我鼓励的还有另外两位探险顾问——丽芙·阿内森和
安·班克罗芙特。听到有这么多人挂念我、支持我，我的内心涌起了言语
无法形容的感动和感激。初出茅庐的我正和当年那些伟大的探险家一样，
在一片雪白的南极大地上面临着严峻的挑战。尽管此刻孤身一人，但我觉
得自己并不孤独。

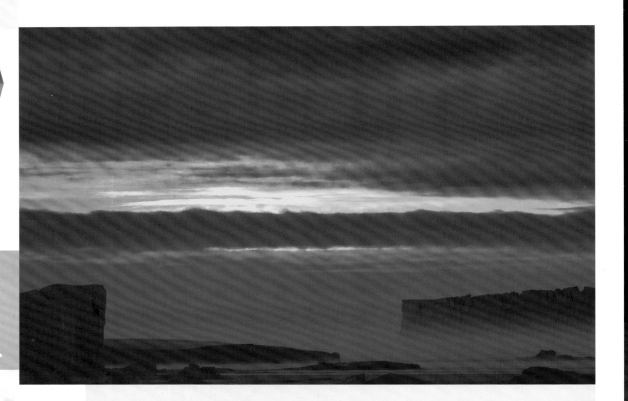

能量助力

极昼和极夜的时间

对于南极点和北极点来说，每年有一半的时间是极昼，而另一半是极夜。每年9月23日前后，南极点会迎来极昼，直到第二年3月21日前后，太阳才会落下，由极昼转变为极夜；与此相反，北极点的太阳在每年9月23日前后落下，直到第二年3月21日前后才会升起，由极夜转变为极昼。

对于南极圈来说，极昼开始的时间是每年12月22日前后，极夜开始的时间是每年6月22日前后；而对于北极圈来说，极昼开始的时间是每年6月22日前后，极夜开始的时间是每年12月22日前后。

至于南极点与南极圈之间的地区和北极点与北极圈之间的地区，由于纬度不同，出现极昼和极夜的时间也是不同的。越靠近南极点或北极点，一年中出现极昼和极夜的时间也就越长。

极夜时的北极

结束通话后，我的内心充满了力量。我迫不及待地拿起画笔，将自己在脑海里构思了无数遍的方案画在纸上，然后拿出刀子小心翼翼地将备用睡袋上下对半裁开，用下半部分做成了两个袖子，再用针和牙线一点点地缝好。看着手里的新款"羽绒服"，坏天气带来的阴霾也一扫而空了。对于我而言，它不仅仅是一件衣服，更是绝地逢生的希望……

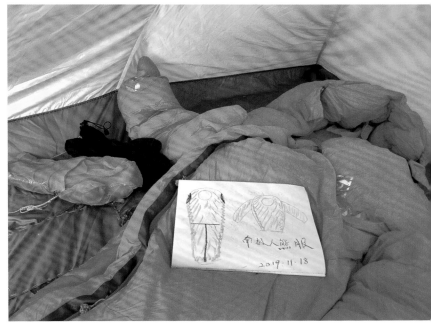

△ 我设计的睡袋改造图与改造后的羽绒服

终于步入正轨

正如预报的那样，南极的暴风雪持续了整整11天。这段时间没有阳光、没有蓝天，我的卫星电话和定位设备的电量也快耗尽了。终于，在这一天，大自然似乎有点儿厌倦了一片混沌的样子，总算肯让阳光穿透云层，投向这片已被冰雪笼罩11天的白色大地。风速从18米每秒减弱到6米每秒，还有持续减小的趋势。天气预报说，从下周开始，云层将全部退散，阳光普照大地，南极大陆西部海岸的伯克纳岛不再用风雪"遮掩"自己，会在我面前露出真容。

我计划的路线是从海岸到极点，再从极点到海岸，完整穿越南极大陆，所以选择了伯克纳岛北部的

能量助力

伯克纳岛

伯克纳岛是地球上最南端的岛屿，从北到南长约320千米，宽约135千米。南极大陆95%以上的面积都被冰雪覆盖，数千米厚的冰川延伸至周围海域，海洋中冻结了广阔的陆缘冰（位于南极大陆边缘，与大陆相连的浮动冰层），因此，完全被冰雪覆盖的伯克纳岛与南极大陆连成了一片。要不是科学技术的进步，人们很难发现，与南极大陆相连的冰雪下面竟然藏着一个海岛。

海岸作为起点。身为极地探险者，通常要把10天作为一个单元去进行规划，在行进时间、速度，以及食物分配等方面随时进行调整。由于收到了南极的"风暴大礼包"，我原本计划用前10天走240千米，可最后只走了74千米。

而现在，经过了第一阶段艰难的适应与调整，加上天气好转，我的探险也逐渐步入了正轨。随着我不断提速，在探险的第18天，累计行进路程已接近300千米。我即将抵达伯克纳岛南部与龙尼冰架的连接处。这里的海拔迅速下降，我要开始下坡了。暴风雪刚刚结束长达11天的肆虐，伯克纳岛南部堆积了厚厚的软雪。我的身体太重，每走一步，大雪都会没过半个滑雪靴。不仅迈不开腿，我还得费九牛二虎之力将雪橇船从深陷的雪坑中拖出来，根本感觉不到自己是在下坡。每次休息时，我的帽子都能拧出很多汗水。其实出汗是冰雪运动的大忌，南极的低温会令汗水迅速凝结，使人感到寒冷而导致失温。但是，为了能尽快前行，我也只得"冒险"流汗了。

△ 汗水浸透了帽子

习惯单调的日子

在软雪中挣扎了一天，第二天的情况总算有所好转。我在持续下坡的路段中用10小时走了27千米，刷新了目前我在南极的最快行进速度。日行距离的大幅度增加让我欣喜若狂，如同鸟儿挣脱了牢笼，有种重获自由的感觉。

天气好转，我的探险已渐入佳境，但一个人在南极的日子重复且单调：

清晨6点多起床，吃早餐，收拾装备，然后撤走帐篷。

早上8点多开始越野滑雪，就像在健身房的机器上锻炼一样，一直重复同一动作。每隔60到70分钟进行一次休息和补给，期间也会采集表层雪样。

晚上8点多结束一天的行程，搭帐篷建设营地，吃晚餐、打卫星电话、画画、记录心理量表，最后睡觉。

完成了这一系列操作，对于我来说就是完美的一天。

帐篷是我的移动避难所，也是我在南极的"家"。天气好的时候，我会非

△ 从帽子里挤出的汗水　　　　　　△ 在路上小憩

常享受早上出发，一路上快乐地行走。到了晚上搭起帐篷的时刻，那感觉就像回家一样令人期待。每晚，我烧起炉子，煮好开水，坐在内帐门口心满意足地吃晚餐。要是往速食中加入一块黄油或者奶酪，再加一些萨拉米，这仿佛就是世界上最美味的食物。

吃完饭后，我会在帐篷里拴一根线，将汗水浸湿的衣服悬挂晾晒。在正处于极昼的"日不落"南极，我的帐篷就是个聚集热量的大温室，能隔绝外部的寒冷。一切收拾妥当，我钻进暖暖的睡袋休息，为第二天的探险养精蓄锐。

接下来，我就要跨越龙尼冰架了。之后的探险路程是否能保持顺利？我真希望大自然能给我一个答案。

▽ 每个指尖都磨破的手套

△ 快要磨穿的鞋垫　　　　　　△ 在帐篷里烧水

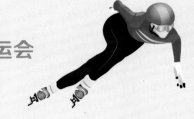

冰雪运动的盛会
——2022年北京冬季奥运会

　　2022年，第24届冬季奥林匹克运动会在我国北京盛大开幕，为世界各地的冰雪爱好者奉上了一场冰雪运动的"盛宴"。关于2月举行的北京冬奥会和3月举行的北京冬残奥会，下面这些问题你们都知道答案吗？

1. 北京冬奥会、冬残奥会的吉祥物分别是什么？

　　答：冰墩墩、雪容融。

2. 北京冬奥会、冬残奥会的会徽分别是什么？

　　答：冬梦，图案类似汉字"冬"的书法形态；飞跃，图案类似汉字"飞"的书法形态。

3. 北京冬奥会、冬残奥会的火炬名称是什么？

　　答：飞扬。北京冬奥会的火炬颜色为银色和红色，象征着冰火相约，激情飞扬，照亮冰雪，温暖世界；北京冬残奥会的火炬颜色为银色和金色，寓意为辉煌与梦想，体现出"勇气、决心、激励、平等"的残奥价值观。

4. 北京冬奥会、冬残奥会发布的主题口号是什么？

　　答："一起向未来"，另外还有同名推广歌曲《一起向未来》。

5. "冰丝带"指的是哪栋建筑?

答:国家速滑馆。它的设计理念是将冰与速度结合起来,22条"丝带"就像运动员划过冰面留下的痕迹,象征着速度和激情。

6. "冰立方"指的是哪栋建筑?

答:国家游泳中心。2008年北京奥运会期间,"水立方"曾是很多水上项目的举办场馆。2020年底,"水立方"正式变身"冰立方",成了冰壶和轮椅冰壶项目的举办场馆。

7. "雪飞天"指的是哪栋建筑?

答:首钢滑雪大跳台。它是北京冬奥会中自由式滑雪大跳台和单板滑雪大跳台项目的举办场馆,也是世界首座永久性保留和使用的滑雪大跳台场馆。

8. 北京冬奥会设立了哪7个大项?

答:滑雪、滑冰、雪车、雪橇、冰球、冰壶,以及冬季两项(越野滑雪和射击相结合的比赛)。

9. 北京冬奥会新增了哪7个小项?

答:女子单人雪车、短道速滑混合团体接力、跳台滑雪混合团体、男子自由式滑雪大跳台、女子自由式滑雪大跳台、自由式滑雪空中技巧混合团体和单板滑雪障碍追逐混合团体。

夜幕下的"雪飞天"

我国的冬奥之缘

1980年 第13届冬季奥运会在美国普莱西德湖举行。这一年，我国首次参加了冬季奥运会，共派出28名男女运动员，参加了滑冰、滑雪、现代冬季两项等18个单项比赛。由于我国首次参赛的选手与世界顶尖选手存在较大差距，当时无一人进入前六名。

1992年 第16届冬季奥运会在法国阿尔贝维尔举行。我国女子速滑运动员叶乔波在这届比赛中勇夺2枚银牌，为我国在冬奥会上实现了"零奖牌"的突破。

1998年 第18届冬季奥运会在日本长野举行。我国代表队参加了短道速滑、女子冰球、花样滑冰、冬季两项、越野滑雪等40个单项比赛。在这届比赛中，我国运动员的成绩大幅度提升，共获得6枚银牌和2枚铜牌。

2002年 第19届冬季奥运会在美国盐湖城举行。这一年，短道速滑运动员杨扬成为了我国第一位夺得冬奥会金牌的运动员，而我国代表队也获得了2金2银4铜的好成绩。

2010年 第21届冬季奥运会在美国温哥华举行。我国短道速滑运动员王濛发挥出色，斩获3枚金牌并打破世界纪录，成为了我国首位单届冬奥会获得3枚金牌的选手。这一年，我国代表队共收获了5金2银4铜，将11枚奖牌收入囊中。

2022年 我国首都北京于2015年申办冬奥会成功，成为了全球首座"双奥之城"。2022年开年之际，我国正式由冬奥会参与者变成了举办者，传递到北京的奥运圣火点燃了全民的冰雪热情。通过这一届冬奥会，我国有越来越多的冰雪爱好者涌现而出，相信在不远的将来，我国在冰雪运动中将展现出前所未有的力量！

身为探险者，千万别随口说出"征服自然"的大话。在南极的极端环境下，我的脑子里只有一个道理变得愈发深刻：Nature decides everything（大自然决定一切）！

如果探险者对大自然怀着敬畏之心，他又足够幸运，那么大自然会敞开胸怀，慢慢地接纳他，让他有机会实现自己的目标。而我，此刻真的非常希望能得到大自然的眷顾。幸好这份眷顾，竟然适时地来临了……

08

驰骋龙尼冰架

告别伯克纳岛

　　环顾四周，我仿佛是这里唯一的生物。我的一举一动都暴露在白雪皑皑的大地上，目及之处没有界限可言。每天生活在天与地之间，以天为盖，以地为席，一顶小小的帐篷被我暂且称为家。前面我也提到过，南极虽然有很多企鹅"原住民"，但它们都生活在沿海区域，南极内陆就是一片不毛之地。

　　幸好我专门进行过单人模拟训练，早已学会了如何应对孤独，也知道如何在困境中与自己相处。拖着雪橇船不断

△ 从帐篷里眺望龙尼冰架

△ 帐篷是我移动的家

△ 一天，一地，一人

前行，随着导航定位设备提示海拔逐渐降低，在即将接近海拔0米（与海平面持平）的时候，我已经走完了300多千米的路程，来到了伯克纳岛的边缘。经过近20天的"艰苦奋斗"，是时候跟伯克纳岛说声再见了。暴风雪的无情肆虐，让我对这个处于世界最南端且鲜为人知的岛屿有了不可磨灭的记忆。

△ 南极周围海域

在海洋上行走

导航定位设备显示，我的面前是威德尔海，那么我该如何跨越海洋抵达另一端的白色大陆呢？别担心，就算不会轻功"水上漂"，我也能直接走过海洋。根据定位，我正走在一片汪洋大海上，而实际情况是，我的脚下是一片平坦的冰面。如果不是现代发达的遥感探测技术，人用肉眼根本看不出这是一片海洋，只会误以为这是南极大陆的一部分。其实，这里就是著名的龙尼冰架。

所谓冰架，就是与大陆架相连的冰体延伸到海洋的那部分，也就是海洋中大面积的固定浮冰。南极西部的龙尼-菲尔希纳冰架位于威德尔海沿岸，被伯克纳岛分隔为两个部分，岛西为面积较大的龙尼冰架，岛东为菲尔希纳冰架。除此之外，位于罗斯海沿岸的罗斯冰架也很有名。它的整体形状呈三角形，是南极最大的浮冰，面积几乎与法国大小相当。如果把罗斯冰架、龙尼冰架、菲尔希纳冰架这些面积较大的冰架也算在内，南极大陆的面积可以增加约150万平方千米。

在冰架边缘与大海相交的地方，冰和海水相互作用，可能会使冰架末端的

能量助力

南极的冰架是如何形成的?

南极大陆其实是由陆地和厚厚的冰盖组成的。大量的冰雪经过数千万年的积累才形成了冰盖。南极冰盖的覆盖面积约为1398万平方千米,平均厚度为2000米左右,最厚的地方可达4800米。这顶巨大的"冰帽"在自身重力的作用下,以每年1到30米的速度,从内陆高原向沿海地区滑动,形成了几千条冰川。冰川入海处形成了面积广阔的海上大冰舌,这就是海上冰架的来源。简单来说,南极冰架是南极冰盖向海洋中延伸的部分。有结实的冰架托着,在"海洋"上行走就不是什么难事了。

△ 南极大陆及周围的海冰(示意图)

冰川断裂。冰川脱离冰架后,自由漂浮在海面上,便成为了我们熟悉的冰山。冰山又被称为"冰川之子",约有90%的体积淹没在海水表面之下。南极海域是世界上冰山分布最多的区域,大大小小的冰山数不胜数。

▽ 南极冰架

冰架上的"夜晚"

对于我而言，行走在冰架上还是很舒服的。冰架地形平坦，非常适合越野滑雪。我那近乎两个成年人重量的雪橇船，在这里拖拽起来真是轻松多了。遇到地形复杂的地方，雪橇船会变成一头倔强得不肯走路的老牛，而在这里，它顶多是一条不太听话的哈士奇——虽然没有那么容易，但只要用力拉着，它还是肯跟我走的。

△ 在平坦的冰架上行走

重要又脆弱的冰架

由于冰架是南极地区难得的大面积平坦之地，所以人们会将它们选为飞机的起降地点，并在上面修建简易的机场。另外，一些国家的南极科考站也位于冰架上。而近年来的观测数据显示，南极冰架的体积一直在缩减，它们有的融化，有的断裂，有的甚至整个消失不见。

南极半岛边缘曾有3座冰架，从北到南依次是拉森A冰架、拉森B冰架和拉森C冰架。1995年1月，面积最小的拉森A冰架完全消失；2002年3月，拉森B冰架在威德尔海内崩塌；而2017年7月，面积最大的拉森C冰架也发生了崩塌，一座面积近6000平方千米的新冰山就此形成。试想一下，与我国上海市（面积约6340.5平方千米）差不多大的巨型冰块在南极海域"流浪"会是什么样的情景？在过去的20年里，南极的冰架不断减少，冰山的数量却增加了5%，这绝不是什么好事。南极正在想方设法地提醒人们要注意气候变化。

在龙尼冰架上行走了一天，我决定停下来搭建营地，烧水做饭，在"大海"上睡一晚。南极就像个顽皮的孩子，很难摸准它的脾性。当我想要温暖和光明时，它偏偏给我送来遮天蔽日的暴风雪；当我希望帐篷里的温度能低一些时，它偏偏24小时全天暴晒。现在是南极的极昼，太阳一整天都在地平线以上。睡在冰架上的这一"晚"，帐篷被太阳长时间照射，使我热到彻"夜"难眠。由于没有夜晚，也没有24小时的概念，想要适应极昼是非常困难的。强烈的心理暗示经常让我无法入睡，即使睡着后也很容易醒。我觉得每"晚"都像是在睡午觉一样，不管戴着几层眼罩，潜意识里都认为是白

天。一开始的新奇感渐渐退去，我越来越渴望日落，渴望夜晚。原来，能看到太阳落山也是件很幸福的事。

孤身来到南极后我才意识到：那些曾经习以为常的日常琐事，竟然变得如此珍贵。我心中暗自许愿，等离开南极，一定要好好体会生活中每一个细小而美好的时刻，化作力量深埋心中，只为他朝再历艰险之时，还有幸福力量可借。这是我通过此次探险得到的一个重要感悟。它从内心深处而来，在极寒之地熠熠发光。

冰川、冰架、冰山，你们分得清楚吗？

冰　　川

　　地球上的冰川主要分布在南北两极和中低纬度的高山地区。要形成冰川，首先得有足够的固态降水，包括雪、雹、霰等。在持续的低温下，地面上的积雪会变成粒雪。大量的粒雪紧密地聚集在一起，慢慢压实，其间的孔隙越来越小，整体的硬度越来越大，就逐渐变成了冰川冰。冰川冰刚形成时是乳白色的，随着时间的推移会变得更加致密坚硬，样子也愈发晶莹剔透，就像幽蓝的水晶（此时的冰川也称"蓝冰"）。形成冰川的地方通常有适于冰雪堆积的低洼地形，经过几年、几十年，甚至上千年的时间，冰川才能累积到一定的厚度。

冰川可以被分为三大类：大陆冰川、山岳冰川和过渡型冰川。

大陆冰川，也叫冰盖，是指覆盖在陆地上的极厚冰层。世界上只有两个体积很大的冰盖，一个是南极冰盖，另一个是格陵兰冰盖。它们几乎将南极大陆和北极的格陵兰岛完全覆盖，约占世界冰川总体积的99%。

位于中低纬度高山地区的冰川被称为"山岳冰川"或"高山冰川"。它们的特点是规模小、冰层薄，形成过程受地形及重力因素影响。世界上约66%的山岳冰川都分布在亚洲，而我国独占30%。我国拥有的几万条冰川都属于山岳冰川，总面积约5万多平方千米。

过渡型冰川的形态则介于大陆冰川与山岳冰川之间，可以再细分为山麓冰川和平顶冰川。

冰　架

　　冰川从陆地延伸到大海的部分就是冰架。越靠近岸边的冰架就越厚，厚度通常为200到1300米。从岸边到海面，冰架会越来越薄，前沿处的厚度通常为50到400米，而高出海面的部分仅有2到50米。冰架就像漂浮在海上的大冰原，表面比较平坦，很少有起伏。

　　世界上最大的冰架就是南极的罗斯冰架。它几乎填满了罗斯海的整个海湾，南北长度约970千米，东西宽度约800千米，冰层最厚处可超过700米。除了文中提到的罗斯冰架、龙尼冰架、菲尔希纳冰架、拉森冰架外，南极还有沙克尔顿冰架、沃耶伊科夫冰架、里瑟拉森冰架、芬布尔冰架等。

冰　山

在冰架与大海交会的地方，冰体和水流不断发生相互作用。那些从冰架上断裂，落入海中的大块浮冰就是冰山。较暖的天气会使冰架边缘发生断裂的速度加快，所以冰山大多在春夏两季形成。

南北两极附近都分布着大量冰山。其中，北极冰山大多来自格陵兰岛冰盖。每年仅从格陵兰岛西部产生的冰山就有1万座之多，在北冰洋上，常年"漂泊"于海面的冰山更是多达4万座。南极附近的冰山比北极附近的还要多，体积也更大，有些冰山的长宽均可达到几千米。常年浮动在南极大陆周围海面的冰山多达22万座。它们所含的杂质很少，通体洁白，形态各异，犹如海面上的奇特建筑群。

龙尼冰架地形平坦，对我来说没有太大的阻力，我拖着雪橇船一路前行，走得还算顺利。太阳全天高挂，天气不错，能见度也变得很好。我抬起头，隐约看到前方出现了一些黑色的点；再继续前行，黑点慢慢连成了一条黑线——南极高原的山脉第一次出现在我的眼前。

09

我的攀登我做主

△ 南极地区海拔（示意图）

黑色的"王冠"

俗话说"望山跑死马"，这话一点儿也不假。查看过全球定位系统后，我发现此时距离山脉还有130千米。按照现在的速度，我还需要4天半才能抵达山脚。虽然离得还很远，但山脉的出现也给我增加了前进的动力，我调整好脚下的节奏，一点点地向那模糊的轮廓靠近。

走到龙尼冰架的尽头，我已经可以清楚地看到连绵的山脉在地平线上延展开来。南极除了白色的冰雪外，终于有了另一种景观和色彩。黑色的岩石、起伏的线条，远处的山脉像一顶庄严的王冠扣在南极大陆上，仿佛在高傲地对我说："想进入南极高原，得先过了我这关！"此情此景不禁让我联想到了唐僧师徒经过火焰山的样子——望山兴叹。

那黑色的"王冠"正是令极地探险者们又爱又恨的彭萨科拉山脉。它属于横贯南极山脉的一部分，全长450千米，其中的杜费克山可以说是通向南极高原的门户。伍杰克岭，这是我和我的团队在过去一年研究路线时，最频繁提及的名字。对探险者而言，这个名字是"困难"和"危险"的代名词。伍杰克岭属于杜费克山的一部分，是一条由北至南的极为陡峭的岩石山。

客观来说，这座海拔1000多米的小山与我曾经攀登过的那些雪山和冰川相比，只能算是个小角色。那么，为什么它会让探险者谈"山"色变呢？

能量助力

南极的主要山脉

南极的3条主要山脉是横贯南极山脉、埃尔斯沃思山脉和查尔斯王子山脉。

横贯南极山脉是横跨整个南极洲的一条巨大内陆山脉，从维多利亚地一直延伸到威德尔海，将南极洲分为东南极洲和西南极洲两部分。这条山脉全长约3500千米，最高峰是马克姆峰。

埃尔斯沃思山脉是位于西南极洲埃尔斯沃思地的一条大山脉，长约360千米，宽约50千米。它矗立在龙尼冰架旁边的雪原上，被明尼苏达冰川分成南北两段，北边是森蒂纳尔岭，南边是赫里蒂奇岭。文森山是埃尔斯沃思山脉的主峰，也是南极洲的最高峰。

查尔斯王子山脉位于东南极洲的麦克·罗伯逊地，包括阿托斯岭、波尔朵斯岭和阿拉米斯岭。连绵起伏的山脉环绕在埃默里冰架旁边，长约500千米，最高峰是孟席斯山。

困难与危险

探险者畏惧伍杰克岭的原因主要有两个。

其一，伍杰克岭地形复杂，山势极其陡峭。山脊的海拔在短短几千米内急剧攀升，从山脚的不足400米很快就蹿到了1100多米。最要命的是，翻过山后就来到了异常危险的冰裂隙区，而去过那里的人少之又少，没有什么经验参考，前进路线只能凭自己勘测。探险者必须在一天内翻过山并尽量往前走，避免在冰裂隙区扎营。

其二，随身携带的极地装备不适合攀登——滑雪板和雪橇船是两个大累赘。探险者要是在山脚踩着长达2米的滑雪板在坚固的蓝冰上跳跃，动作实在是太笨拙了；而到了陡坡上，滑雪板更不可能抓住地面，所以需要提前将其换成冰爪。将长2.4米、装满物资的雪橇船一次性运到山顶，更是一件看似不可能完成的事情。大部分探险者都是把雪橇船里的物资拿出来，先将雪橇船送上去，再下山取物资。

总之，探险者不仅要确保自身安全、保证前进的速度，还要顾及沉重的物资，翻越伍杰克岭的难度可想而知。

△ 横贯南极山脉

△ 高山攀登是我的强项

心底的计划

此刻，我离山脚还有39千米，最好的打算是分成两天走以节省体力，大概能有半天时间在山脚休息，等到第三天再翻山。但我已经不想再浪费时间了，趁着天气好，我今天走了29千米，留下10千米明天走，接着一口气翻过山去。只是，行走10千米会耗费很多时间，我还要拖着笨重的雪橇船翻山，并要来回两次将全部行李运送至山顶，再继续往前走，越过危险地带。这样一天的时间可能会不够用，对体力和耐力更是严峻的考验。

到底该怎么办呢？我的团队给了我一个看起来比较稳妥合理的建议：先走到伍杰克岭的山脚处扎营，把物资分为两份，一份是当晚用不到的，一份是当晚必需的；先把用不到的物资搬运到山顶安置好，再下山回到帐篷里休息一晚，第二天一早把剩下的物资搬运至山顶，然后继续往前走到安全区域建营。

我的强项就是高山攀登，望着眼前的黑色巨龙，我觉得还有更好的办法。伯克纳岛的坏天气耽误了太多的探险时间，而目前的方案又占用了两天，太过于浪费。我想尝试一次性携带所有物资登顶，但没有把这个想法告诉任何人……

向蓝冰发起挑战

2019年12月9日上午7点，最特别的一天在未知中开始了。我用了3小时就来到了山脚下的蓝冰区域。这里虽然比雪地更难走，但我内心的兴奋和期待难以抵挡。

从地图上能看到，这个区域是一片庄严的黑色岩石，彭萨科拉山脉高高耸立，蓝色的坚冰勾勒出复杂的地形，虽然能看见几条明显的大冰川从山脚直达山顶，但是裂缝遍布在山峰的腰部和顶部。变幻莫测的地形让攀爬难度急剧上升，我拿出了之前准备好的无人机，提前侦查地形。这里的地形远比我想象中的复杂，我仔细观察了一下，东边看起来相对好走，于是我决定向东走，从主冰川的东部往上攀登。

到了蓝冰区域，我立刻脱下滑雪板，换上冰爪，手中握着冰镐。攀爬的时

候，身后那重约130千克的雪橇船一直拖着我往下坠，从山顶冲下来的寒风拍打在身上，我只能咬着牙坚持。到了陡峭的地方，我需要用冰镐固定住身体，然后用手把雪橇船一点点地拉上来。一旦发生滑坠，冰爪、冰镐这些装备都可以帮助我及时制动，以保证安全。

冰 爪

冰爪是冬季登山或者高海拔登山时必备的器械。一只冰爪主要由前齿、后跟、尺码条、捆绑带、卡扣等部分组成。在登山靴上安装了这种装备，登山者就可以在很滑的雪地或冰面上站稳脚跟。

能量助力

冰　镐

冰镐是最重要、用途最广的登山装备之一，拥有一副用着顺手的冰镐就仿佛拥有了一双延长手臂。登山者挥动冰镐的动作通常是：举起冰镐，肘关节略微弯曲，上臂向后伸，以胸肌和肩部肌肉的力量带动上臂挥镐，使镐头沿着弧线轨迹接近冰壁；当镐头即将敲入冰壁的瞬间，手腕向前下方用力，使冰镐以较快的速度、较好的角度劈进冰壁。如果使用得当，冰镐可以成为登山者攀登时的支点，有助于登山者抓紧冰壁，并保持身体平衡。

登上南极高原

  越过海拔逐渐上升的蓝冰区域后，我开始往主冰川中间移动，慢慢接近规划路线。此前在平坦的地面上行走了那么多天，我终于在这里体会到了登山的愉悦。科学的探险不仅离不开经验，也离不开周密的准备。如果不是反复研究过这段山地的地形，提前准备了登山装备，合理地挑选了前行路线，并做好了应急预案，我可能无法这么顺利地完成攀登。

　　看着GPS中的海拔逐步升到1088米，我不禁激动起来——现在我已经成功翻越山岭，真正地站在了南极高原之上！

　　这次的攀登无论在技术还是在路线上，都是一次非常有挑战性的尝试。我很幸运地成功了，连自己都感到不可思议。继续向前走了3小时后，我避开冰裂隙区，开始扎营。不算上休息时间，今天我一共走了12小时，累计前行23千米。

　　过程越艰难，越能令我体会到成就感。坐在扎好的帐篷里，看着身后翻越过的重重山岭，我不禁要向鬼斧神工的大自然致敬。大地上的冰雪如此纯净，却又如此险恶，如果只有绝对的尊敬而无丝毫拼搏精神，结果只能是坐以待毙。不咬牙坚持奋身一跃，我们可能永远都不知道自己能做到什么。

　　也许人与自然的相处就是需要这样的思考和行动：思考行动是否可行，再用行动冲破思考的极限。人与自然的这种动态平衡大概永远无法得到白纸黑字的标准答案，唯有不断摸索着、保持着、共融着。这点顿悟，使我仿佛在无边的白蓝之间看到了一点点金线。

10

带走冰雪"记忆"，感受孤独星球

南极的冰川就像一本厚厚的地球日记，层层叠叠的冰雪"书页"记录了地球的历史。而前往南极的探险者和科学家，就是这本"日记"的翻阅者和解读者。

当然，翻阅"地球日记"也要付出相应的代价。已经在南极行走了1个月的我，体会到了前所未有的孤独……

△ 在样品瓶上做标记

△ 挖雪坑并没有想象中那么容易

冰雪有"记忆"

　　秦大河院士等老一辈科学家和探险家深深地激励着我。前面我提到过，这次的南极探险对于我来说也是一次科学考察之旅。自2011年攻读第四纪地质硕士学位冰川方向以来，我已经参加和带队进行过很多次科学考察活动，大大小小的冰川上都曾留下我的足迹。在做"＜2℃"计划时，关于三极地区（南极、北极和珠穆朗玛峰）的科学考察成为了我的新目标。登顶珠穆朗玛峰的同时，我完成了南坡梯度采样和珠峰顶层冰雪测厚的科考工作；率队穿越格陵兰岛时，我也沿途采集了重要的冰雪样品。

　　冰雪拥有"记忆"，可以记录下各个时期环境的变化。在全球气候不断变暖的今天，来到南极采集冰雪样品是很有必要的。即使在天气最恶劣的情况下，我也坚

△ 雪坑样主要为近几年或几十年前的积雪样本，而表层雪样主要为当年的积雪样本

持采样，每隔20千米就采一个5毫升的表层雪样，一共采集了几十个。在特定的地点，我还会挖0.6到1米深的雪坑，前前后后一共采集了6个雪坑样。

这些样品的用处不可小觑。极地冰雪中的氢氧同位素会受到气温的影响，所以等样品融化成水后，可以检测里面的氢氧同位素，从而判断气温的波动。当然，通过检测样品中的污染物、金属、微生物等，还可以对不同时期的大气环境进行推测。

除了表层雪样、雪坑样，冰芯更是冰雪"记忆"的载体。冰川主要来自降水或降雪，经过多年的累积，冰雪一层又一层地不断覆盖，如同岩石一样有着非常明显的层理。科学家不仅会挖深深的雪坑来观察冰川的层理，有时候还会用大型设备从冰川内部钻取一根冰芯，通过研究冰芯来判断冰川的变化。南极冰盖的平均厚度超过2000米，最厚处超过4000米，如果能取出一根巨大的冰芯，科学家就可以研究分析近80万年来地球的气温变化和大气成分变化。

近几年，地球气温升高的速度越来越快，这正是我如此迫切地想要来南极完成科学探险的原因。冰川的消融不仅会使地球的环境发生改变，也会导致大量冰雪"失忆"——冰雪的"记忆"将随着融化而消失，人们将失去研究地球历史的重要途径。我拖着载有雪样的雪橇船前进，就像带走了冰雪的一些"记忆"。等到探险结束，我期待这些雪样能带给科学家惊喜。

没有通信设备的时代

虽然目前南极内陆只有卫星通信这一种通信方式，但现代探险者与早期探险者相比，条件已经好太多了。在没有实现卫星通信的时代，以前的探险者体会的才是真正的与世隔绝。由于无法与外界沟通留下记录，很多极地探险挑战因为没有证明依据而受到质疑。著名探险家阿蒙森在到达南极点后留下了帐篷和书信，这才证明了自己是第一个到达南极点的人。

现代极地通信设备

随着通信技术的不断进步，人类探索极地的手段也愈发先进。如今，各种各样的新型通信设备为人们研究极地提供了更加便利的条件。

现代极地科考站往往会装备卫星信号站，常用的通信工具除了手机、固定电话外，还有铱星电话、BGAN（宽带全球局域网）电话、对讲机、甚高频电台、航空电台等。

对于极地探险而言，经验丰富的探险团队往往会准备以下3种通信工具：

第一，个人信号浮标。探险者如果发生意外，打开信号浮标就能将报警信号传送给救援服务中心。

第二，卫星电话。目前仅有铱星通信系统可以提供极区通信服务，我此次使用的就是铱星卫星电话。探险期间，我每天早晚都会通过卫星电话将最新的探险进度报告给团队，以便及时调整探险方案。

第三，甚高频无线电话。将设备调至国际无线电话遇险与安全通信频道，便可实现近距离通信。

中国南极中山站卫星通信设备

接近崩溃点

前进、休息、吃饭、采雪样……顶着不落的太阳，每天重复同样的事情，过着单调且身心俱疲的日子。你们可能想象不到那种感觉，但我不得不承认，我的情绪已经逐渐接近崩溃。

南极内陆是一个与世隔绝的世界，没有无线网，也没有手机信号。唯一能让我与外界联络的方法，就是卫星通信。我携带了很多通信设备，以便和我的团队随时沟通。为了预防设备出现问题，每种通信设备我都带了两个。

每天探险结束后，我都会给联合冰川营地的探险保障团队打一个卫星电话，电话内容一般就是4个基本问题：GPS点位，也就是我走到了哪里；走了多长的距离；走了多长的时间；我个人的状态如何。如果某天他们没有接到我的反馈，那么救援团队会在24小时后开始准备飞机，并在48小时后来到我所处的坐标点对我进行营救，这就意味着我的探险征途提前结束了，还好这种情况并没有发生。

随着探险进入第33天，我的极限期终于来临。从前两天开始，我就承受着新鲜粉雪（凝固核还没有充分冰冻变大就落到地面的雪颗粒）的折磨。地上的雪又深又厚，我的雪橇船太重了，会完全陷入大雪里，很难将它拖出来。我一个

人孤立无援，没有什么解决办法，只能咬牙坚持。纵使我大声喊叫，发泄心中的烦闷，大风也会立刻无情地将声音吹散，这种感觉让我更加无力。

经过14小时的挣扎，我走到筋疲力尽，不能再迈出第二步，依然只前进了20千米。我拖着痛苦不堪的身体，花半小时搭起了帐篷。为了第二天能够继续前进，不论我多不乐意，还是要烧水做饭，撑着快耷拉下来的眼皮把饭吃完，再仔细检查一切是否妥当，才能倒头入睡。

身体的疲惫加剧了精神的崩溃，每天都在极限的边缘徘徊，这就是极地探险的难度所在，也是独步南极的探险者少得可怜的原因。纵使每年有很多人登顶珠穆朗玛峰，在世界屋脊展示自己的实力，但是愿意独自踏上南极大陆的只有寥寥几人，因为内心的孤独和恐惧会使探险的难度成倍增加。

几十天来，我仿佛置身于另一个世界，没有时空、没有方向、没有希望。但接下来的日子，我别无选择，还是要继续前行。我必须尽快调整好心态，用积极的状态去迎接新的挑战……

11

一起走，好吗？

经历过崩溃、挣扎，我努力地调整自己的心态。在内心与自己无数次对话后，我尝试着接纳身体上的疲惫和心理上的煎熬，接纳恶劣的天气，接纳我在南极所经历的一切意外。我把这些都视作考验，以测试我的初心是否足够纯粹与坚定。在姣佼的建议下，我决定不再给自己太大压力，缩短每天行进的时间，让身体得到充分的休息。

慢慢地，我的状态开始好转，走得比以前更快了，平均每天可以前进26.5千米，一切似乎都在朝着理想的样子转变。在历经磨难之后，我重拾信心，真正进入了享受探险的阶段……

"第一"魔咒

"我要成为第一个抵达南极点的人！"早在100多年前，许多探险家就抱着这个信念，雄心勃勃地展开了对南极的探索。在他们之中，最出名的两个人要数挪威探险家阿蒙森和英国探险家斯科特。

为了成为"南极点第一人"，斯科特于1910年正式发起了前往南极点的征程。由于曾在1902年去过南极（到达了距离南极点约850千米的地方），有丰

△ 著名探险家斯科特

△ 斯科特的团队（除斯科特外，还有威尔逊、鲍尔斯、埃文斯和奥茨4人）

富的探险经验，斯科特对本次行动志在必得。然而，就在他乘船出发后，却意外接到了来自阿蒙森的一封电报："我也要去南极！"

"怎么回事？那家伙不是要去北极吗？"斯科特有些发蒙。

的确，阿蒙森最初的打算是成为"北极点第一人"，但是在1909年，美国探险家皮尔里宣布自己已经抵达了北极点，于是，梦想破碎的阿蒙森在前往北极点的半路上调转船头，向南极奔去。最具传奇色彩的"极地竞赛"就此展开……

在很长一段时间内，阿蒙森和斯科特虽然没有见到彼此，但一直在暗暗较劲，各自按照计划向南极进发。1911年11月，斯科特率领着探险队离开了位于罗斯岛的基地，向南极点发起挑战。在南极大陆艰难前行了3个月后，1912年1月18日，斯科特的团队终于抵达了南极点。没想到，等待他的竟是在风中飘扬的挪威国旗和阿蒙森留下的一封信。

原来，阿蒙森的团队在1911年12月14日就已经抵达了南极点，这对于斯科特来说无疑是晴天霹雳。他绝望地在日记中写道："最糟的情况发生了……所有的梦想都破灭了。天哪，这是个恐怖的地方！现在我们要回家了，以一种绝望的力量……但能不能到家还是个未知数。"斯科特的团队心灰意冷，在返回基地的途中遇到了风暴，最终无一生还，成为了带有悲剧色彩的科考英雄。

阿蒙森载誉而归，一时间，似乎所有人的目光都聚焦在他身上。后来，人们发现了斯科特的南极探险日记，看到了大量珍贵的科考资料，才对他的曲折经历唏嘘不已。1957年，美国在南极点建立了永久科考站，将其命名为阿蒙森-斯科特站，以纪念这两位伟大探险家的卓越贡献。

每当我想到他们的故事，仍然能感受到竞争的残酷。"第一"，这两个字在人们心中似乎有特殊的分量。很多人都沉迷于"第一"魔咒，认为第二没有意义。也许当年击垮斯科特的不是恶劣的环境，而是绝望的内心。他可能不知道，如今的人们并没有忘记他，他的名字和阿蒙森的并列在一起，永远留在了南极点上。

一场"伟大悲剧"的记载——
罗伯特·福尔肯·斯科特的日记

1911年10月23日

我们出发了，为了祖国的荣誉，振作起来！

1912年1月15日

还有50千米就到极点了，无论如何，我们马上就要到了！

1912年1月18日

就这样，我们背朝着内心渴望到达的目的地离去，前面还有漫长的道路，我们必须自己拖着笨重的行李徒步走完这段艰苦的路程。别了，黄金般的梦想！

1912年1月27日

上午，我们在暴风雪肆虐的雪沟里穿行。积雪拱起一道道波浪，看上去就像一片波涛汹涌的大海……我们渐渐感到越来越饿，如果能多吃些东西，尤其是午饭再多吃一点儿，那会很有好处。要想尽快赶到下一个补给站，我们就得再稍微走快一些……

1912年2月1日

晚上8点，我们还在艰苦跋涉……按一天三顿计算，我们手里还有8天的粮食，到达下一站应该是没什么问题的。埃文斯的手指情况很糟，有两个指甲掉了，是冻伤……

1912年2月17日

今天的情形很不好。埃文斯睡足一觉以后显得好些了，他像往常一样说自己一切正常。他还是走在原来的位置上，但半小时后他弄掉了滑雪板……再后来，他的鞋又丢了，手套也没了，手上结满了冰……埃文斯完全被冻僵了。我和威尔逊、鲍尔斯去拖雪橇，回来的时候，埃文斯已经失去了知觉。我们把他抬进帐篷后，他依旧不省人事。午夜12点30分，他平静地死去了。

1912年2月22日

我们注定要经历归途中最严峻的时刻了。今天出发后不久，东南风变得异常猛烈，本就模糊难辨的路标变得更难找了。吃午饭时，我们根本没见到期望中的圆锥形石头路标……但这些倒霉事并没让我们心灰意冷。晚上，我们喝了一顿马肉做的浓汤，美味可口，真叫人气力倍增、精神振奋……

1912年2月26日

这里真的冷极了。我们双脚冰凉地出发了，因为白天穿的鞋袜根本没有晾干。虽然我们谨慎地分配着每天吃的食物，可食物还是不够。我渴望着下一个补给站……到了那里，我们得到足够的补给，就可以继续前行了。

1912年3月4日

我们现在的处境很困难，但还没有一个人沮丧泄气，至少我们表面上还保持着良好的士气。不过，当雪橇在波状雪面上停滞不前时，每个人的心都会猛地一沉……我们现在已经不指望有人来救援了，只期盼在下一个补给站能多拿到些食物，如果那里的油料也短缺的话，就真是太糟糕了。我们能够到达那里吗？其实只有很短一段距离了，如果不是威尔逊和鲍尔斯始终士气高昂地克服着困难，我真不知道自己该怎么办才好。

1912年3月11日

我们的队员奥茨很快就要走到他的生命终点了，每个人都能感觉到这一点……奥茨是一个勇敢的家伙，很清楚目前的处境，当他向我们征询意见时，我们除了敦促他尽可能地继续前进外，别的什么都不能说……当我们今早起程时，天完全阴了下来。我们看不清东西，失去了方向，步履维艰……

1912年3月16日

前天午饭时，可怜的奥茨说他无法再继续前进了，还建议我们把他留在睡袋里。我们不能那么做，劝说他坚持下去，继续前进。尽管他真的不行了，但仍然挣扎着与我们一起又走了一段路。到了晚上，他的情况进一步恶化，我们知道他的最后时刻即将到来了……我们能够体会到他的英勇无畏。数星期以来，他毫无抱怨地忍受着剧烈的疼痛，直到最后一刻也没有放弃希望……外面还在刮着暴风雪，他说："我只是出去一下，可能多待些时间。"他就这样出去了，进入了茫茫暴风雪中，我们从此再未见过他……

1912年3月17日

白天已是零下40摄氏度，奇寒无比。我的伙伴们一直保持着高昂的士气，但我们所有人都处于严重冻伤的边缘，尽管我们不断地谈论着渡过难关，但我猜想，没有一个人的心里真正相信这一点了。

1912年3月18日

天气实在太差了，人类是无法面对这种境况的，我们几乎已经耗尽了最后一丝气力。我的右脚和几乎所有脚趾都已不听使唤了——而就在两天前，我还在为自己拥有我们当中最好的一双脚而自豪……

1912年3月22日

暴风雪依然在呼啸，威尔逊和鲍尔斯无法动身前往补给站寻找油料，明天是最后的机会了……油料没了，食物也只剩下一点点，真的是接近末日了。我们决定让一切顺其自然——我们将向补给站进发，自然地死在归途。

1912年3月29日

现在，我想，我们不可能再指望情况好转了。我们会坚持到最后一刻，但我们已是越来越虚弱。没错，末日不远了。

真的很遗憾，但我想，我不能再写下去了……

最后，请把我的这份日记，交给我的遗孀。

△ 斯科特生于 1868 年 6 月 6 日，逝世于 1912 年 3 月 29 日

百年后的竞争

2018年，为了完成"无外援独自徒步横越南极"的壮举，美国探险家奥布雷迪和英国探险家路德也曾展开一次"极地竞赛"。两人同时从同一起点出发，途中一直是你追我赶，接近终点时，奥布雷迪发起冲刺，用32小时一鼓作气走完了最后100多千米，成功拿下了第一的头衔。

新闻报道铺天盖地，奥布雷迪备受关注，而路德略显低调。100多年前的南极点竞赛仿佛又浮现在眼前，令我感到困惑的是，在南极这块令人瞩目的传奇大陆上，来者皆是英雄，为什么总有人热衷于这种"竞速"？竞争能带给人动力，同时也有可能使人迷失初心，我对这种事情提不起兴趣。

你们也许不知道，现在走在这片雪白大地上的并不只有我一个人，在离我不远的某个地方，还有另一位探险者在默默前行。

"志在领先"的对手

在出发前一个月，我听说有一名德国女探险家跟我选择了相同的路线，要完成单人无助力无补给抵达南极点的挑战。当时我并没有在意，也不想去在意。我更希望能专注地完成自己的独步探险，不想因为竞争而增加心理压力。

就在出发前几天，我得到了确切消息，那名探险家叫安雅·布拉查（Anja Blacha），是成功登顶七大洲最高峰的最年轻的德国女性。巧的是，我们的探险顾问居然是同一个人——拉尔斯·艾布森。如果没猜错，拉尔斯把我的路线推荐给了安雅，而且对方也欣然接受了。

我对这样的情形没有任何准备，但不想因此受到影响。我的目标是穿越南极，而她的目标只是到达南极点，我们的目标本就不同，也没必要一较高下。

不过，安雅显然比我更具有竞争意识。在我们乘坐飞机抵达起点后，她立马拖着雪橇船，头也不回地向前走去。由于刚出发没多久就遇到了很强的暴风雪，前段时间我完全看不到她的踪影。直到翻过伍杰克岭后，我才发现了她的踪迹——她至少领先我一天的行进距离，大约26千米。

充满诚意的提议

　　进入南极高原的冰凌地带后，我和安雅的体能都达到了极限。探险顾问拉尔斯建议我们合作，比如交替开辟路线，从而节省双方的体力，但这一建议遭到了安雅的拒绝。尽管我不想与她竞争，可她的心意已经很明确了："我要先到达南极点。"不得不说，安雅的表现令人吃惊，作为一位从2015年才开始接触登山的年轻女性，她在这次探险中完成的比计划中还要出色。

　　我决定彻底不去想谁先抵达南极点的事情，还刻意避开安雅走过的路线，以免影响到自己的节奏。毕竟，我还要继续保存体力，为南极点之后的600千米做准备。南纬87度、88度、89度……随着纬度不断增加，南极点已经可以翘首期盼。

　　2020年1月8日这天，我努力行走了15小时。晚上11点，在距离南极点40千米的地方，我看到了安雅的帐篷。她已经休息了，如果此时我继续前进，那么率先抵达南极点的人就是我。

　　要不要这么做？我有些犹豫。荣誉、赞美、世界纪录……这听起来是如此诱惑。

　　回想起自己57天来的努力，我想安雅所经历的也是如此。我们虽然没有同行，但一直在无形中相互陪伴，共享一片天空、一段旅程，这是难得的缘分。其实在3天前，我就曾捡到安雅丢弃的雪铲——这个德国姑娘已经在减轻雪橇船的重量，准备全力冲刺了。我把她的雪铲放进了自己的雪橇船里，想等到在南极点见面时回赠给她，作为这次同行探险的留念。

　　这一刻，我在她的帐篷外停住了，没有继续前行，而是稍作休息，喝水、吃晚餐，等待着她醒来。一小时后，安雅察觉到了外面的动静，起床一看究竟。我跟她打了招呼，提议道："我们一起抵达南极点怎么样？"

共同创造纪录

　　显然，这位德国姑娘是一万个不愿意。她赶忙收拾好帐篷，做好出发的准备，然后对我说要再想一想。后来，我们一起走了一小时，我提议休息10分钟，她原本同意了，但随即又说她不休息了，要先出发，然后拖着雪橇船快速前进，试图领先于我。

　　尽管我的雪橇船比安雅的重很多，但我的速度仍然比她快。在我第四次追上她时也没有选择超越，而是仍然陪着她一起走，向她说出我此行的目的是呼吁更多人关注气候变化，我无意与她竞争，领先她几小时走到极点没有太大意义，我更愿意与她一起抵达。

　　可她告诉我，她是为了激励更多女性才要完成这次探险，并坚定地说："我要成为率先抵达南极点的人！"

△ 我和安雅在南极点的合影

我无奈地回答："我也想先抵达南极点，但我更愿意与您一起抵达，这是最好的结果。如果我们必须分头行动，那就按照自己的速度前进吧。"

眼看距离南极点越来越近，明显速度更快的我，一次次频繁地回头。安雅深知按照目前的情况，她已经无法先抵达南极点。而我的诚意也打动了她，最终，她同意了我的想法。

智利时间1月9日下午2点50分（北京时间1月10日凌晨1点50分），我和安雅一起抵达地理南极点，共同创造了单人无助力无补给抵达南极点最长路线的新纪录。

真正的探险，其实也是一场心灵之旅，我们并不只有竞争这一种选择。比起拼个你死我活，我们或许更需要一点儿忘我的精神和共赢的智慧。要是100多年前的阿蒙森和斯科特也愿意合作，一起抵达南极点，结果会不会更完美？如果时间能够重来，他们会作何选择呢？

▽ 1980 年，中国人第一次登上南极大陆，40 年后的今天，我以单人无助力无补给的形式徒步走到了南极点

12

南极，不说再见

2020年，智利时间1月9日下午2点50分（北京时间1月10日凌晨1点50分），我和德国探险家安雅一起抵达地理南极点，共同创造了单人无助力无补给抵达南极点最长路线的新纪录。

对于安雅来说，南极点即为终点，但对于要穿越南极的我而言，这里只是下一程的起点……

△ 在南极点，我遇到了很多友好的伙伴

至关重要的体检

　　想接着往下走并不容易，南极点的一切对我来说都充满了诱惑。已经过了近两个月形单影只的生活，再次见到"同类"让我感到很兴奋。抵达南极点的满足感、南极点营地的舒适帐篷、好久没有吃到的新鲜饭菜、来自各国同伴的嘘寒问暖，还有连接绿色大陆的起降航班……身边的一切都这么美好，让我无比想念家人。这个时候，稍有不慎就会削减斗志——这可是我两个月以来最接近"回家"的时刻啊。

　　我在心底努力拒绝了这些诱惑，重新坚定了继续穿越的决心。不过，想要再次出发需要得到南极后勤保障保险公司（简称ALE）的批准。ALE作为信誉

△ 南极点的食堂

△ 对于我来说，南极点的饭菜非常可口

极好的南极探险服务公司，会对每位南极探险者进行严格的"资格审查"，比如对探险经验、专业技能、医疗情况等详细信息进行逐一统计。除了各国政府负责极地事务的部门外，ALE也具备提供南极内陆进入许可的资质。

按照约定，他们在南极点要请医疗团队对我的身体和携带的物资进行全面检查，确定我完全有能力完成接下来的探险才会放行。所以，在即将到达南极点的那几天里，我就开始加大食量，增加睡眠时间，打算以最好的状态来迎接ALE的检查。来到ALE的营地后，医生对我进行了全面体检，比如心率、体重、肌肉状况、冻伤情况（尤其是腿部）、精神状态等。我除了体重减少了10千克外，其他一切良好，这让工作人员都感到有些不可思议。

ALE的合伙人彼得也在等待我的身体信息。他向来严谨，做事一丝不苟，非常注重安全，掌控着每一个探险项目的"生杀大权"，是极地圈里举足轻重的人物。我的穿越探险是今年南极最具挑战的探险之一，因此，由他亲自负责评估我的探险状况。

不愿接受的现实

值得高兴的是，我得到了穿越许可。彼得和他的团队经过严密的评估后，认为我的身体是有能力继续完成第二段计划的，也就是可以一直穿越到阿克塞尔海伯格冰川底部。然而，彼得提出了两个问题：

1. 撤出南极大陆的时间

为了保证安全，我最晚必须在2020年1月23日撤出南极大陆，这比计划时间1月26日要提前3天。这意味着，在仅剩的13天里，我要拉着100千克左右的雪橇船完成600千米的路程，平均每天前进46千米。在无助力的情况下，这是不可能做到的。智利的暴力冲突事件给我造成了太大的影响，要是没有耽误那10多天，我或许可以按照计划完成穿越，但是现在，穿越似乎已经很难实现了。

2. 救援条件

从卫星图片中可以看到，在南极点到阿克塞尔海伯格冰川这一段出现了飞机无法降落的地带（天气恶劣，风速过大，且持续的大风导致地形出现大幅度起伏，飞机没办法安全降落），大概处于南纬88到86度之间，距离南极点348千米，长度为188千米。在我要走的600千米中，有200千米是上坡，400千米是下坡，我利用13天的时间大致能走390千米，正好停留在"无法降落"区域，直升机没法接我回去。

这就是极地探险，只要一个环节出现差池，整个探险计划就有可能失败。客观条件如此，现实摆在眼前，即使我和我的团队在筹备时就想到了无数的可能性和应对预案，但现在的我还是面临着一个艰难的抉择。姣佼通过卫星电话向我提出了3个方案——

方案一：**风筝滑雪**。通过风筝滑雪，我每天可以行进六七十千米，但需要风速和风向都适合才行，这是很难确定的。风筝滑雪的风险较大，而且我也必须放弃"无助力无补给"的设定，因为风筝是之前放在备用包里运往南极点营地的，需要在南极点补充携带。

方案二：**改变路线**。将终点改到莱弗里特冰川，那里相对平坦，整段路程也比较短，我应该可以完成。这是2018年号称穿越南极大陆的美国探险者奥布雷迪行走的路线。前面我也提到过，这样走虽然勉强可以算作穿越，但是会经过一段非常平整的"南极驾车牵引道路"。这条路线颇受争议，很多人认为在"高速公路"上滑雪前行太过容易，奥布雷迪的那次探险也因此在极地探险圈里受到了很大的质疑。

方案三：**放弃穿越**。眼看我的穿越计划已经完成了70%，最困难的时刻都熬过来了，只剩下最后600千米，我真的要放弃吗？

ALE 的太阳能板

异常艰难的决定

　　到底该怎么选呢？我和姣佼在卫星电话里难以抉择。沉默了许久，她问我："你还敢再来一次吗？"我明白了她的意思，58天来的一幕幕快速地在我脑海中闪过，飞走的羽绒服、连续两周的暴风雪、满是水泡的双脚……我不甘心就此止步，奈何现实是这样的冰冷无情。思考良久，我终于狠下了心回答："好。"

这个决定对于我们来说异常艰难，也让我们留下了许多遗憾，但就目前的情况而言，这是最好的选择。

ALE的权威数据显示，我是第一个独步南极的中国人，也是最年轻的完成南极探险的中国人，并且创造了单人无助力无补给抵达南极点最长路线的世界纪录。对于我来说，能够真正踏上南极大陆去为我的梦想努力，也算是一种成功了。

虽然已经决定"止步于此"，但我不想安然地待在南极点休息，打算按照原计划继续往前走几天，等1月18日再返回南极点，搭乘最后一趟飞机返回联合冰川营地。这样可以为下一次穿越提前了解地形和气象，顺便练习风筝滑雪技术，还能多采集一些冰雪样本。

朝着阿克塞尔海伯格冰川的方向走了两天半，收集到了一些有用的信息，我便以风筝滑雪的方式返回南极点。虽然风速不太理想，但是被风筝牵引的感觉实在

是太棒了。就这样又放了两天"风筝"，我再次回到南极点，等待回程的最后一趟航班。在极点等了几天后，我搭乘飞机途经联合冰川营地，终于飞回了当初的起点——智利的蓬塔阿雷纳斯。

幸福感爆棚的时刻

北京时间2020年1月21日，经过了两个月零10天，我的双脚重新踏上了生机勃勃的南美大陆。

从飞机上走下来，去往住宿的地方，一路上我闻着泥土和植物散发的清香，感受着海风缓缓拂过我的脸庞，看着两个多月不曾落下的太阳终于滑下地平线，一切都是如此美好和珍贵。这些人们习以为常的事物，此刻对我而言却倍加珍贵。我无比思念家人，想念北京的涮羊肉，想给妻子和孩子做一顿晚餐。

Λ 机门打开的那一刻，我看到了久违的日落

Λ "重返人间"

归心似箭的我在蓬塔阿雷纳斯只停留了一个晚上，便匆匆买好了返回北京的机票。飞机降落后，我看见周围的人都戴着口罩，行色匆匆，心里顿时有些疑惑——"与世隔绝"几十天的我并不知道新冠肺炎疫情的来临。

独自一人在南极前行的日子里，我感受到了自然的强大和人类的渺小。当人们逐渐忘记了怎么和地球相处，就会受到自然的警告。我去南极探险的最大目的就是呼吁人们尊重自然、保护自然，希望在气候变化引发更多的灾难前，我们能够找到与地球和平共处的方法。

在门口的接机处，我见到了阔别已久的家人和朋友，终于有了"重返人间"的真实感。当晚正值除夕，家人们满足了我小小的愿望，齐齐整整地聚在一起，以涮羊肉来迎接新年的到来。

此刻，我想对静静矗立在地球最南端的南极说一声："我一定会回来的！"

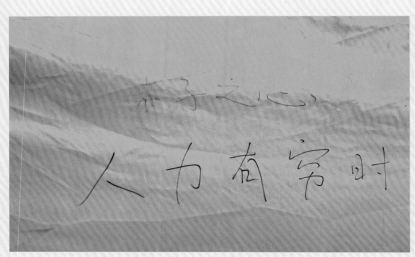

保持高冷和危

上午靠体力 下午靠

赤子之心

人力有穷时

渐入佳

2019

提高

幸福翘翘

和时间赛跑

目标合锁

无尽的思

手中有粮 心中不慌

不要倚言关心你的人

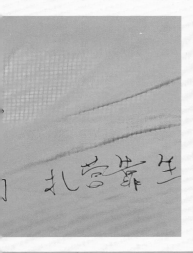

扎营靠生

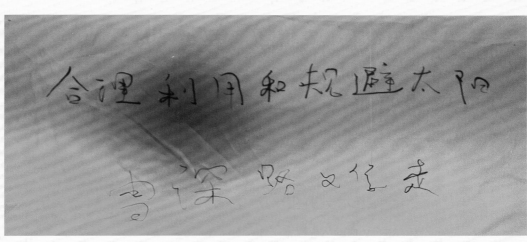

合理利用和规避太阳

雪深 路太住走

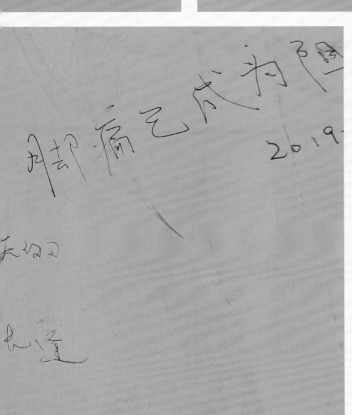

用却痛已成为阻

2019.

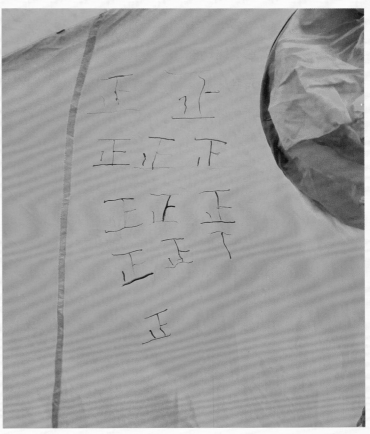

正 正
正正正
正正正
正正正

正

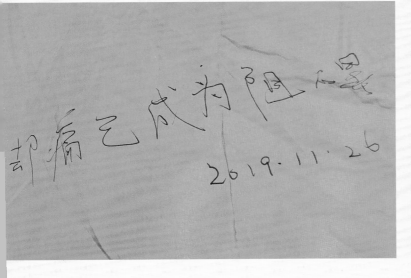

却痛已成为阻

2019.11.26

风太大了！

不能犯咕

写在最后：

积极行动起来，应对气候变化

从南极回来后，我发现新冠肺炎疫情改变了整个世界，看不见的病毒严重影响了我们的生活节奏。2015年，我曾参与青藏高原古里雅冰川五国联合科考，之后，科学家利用5年的时间从那次科考行动取得的冰芯中检测出了28种未知病毒。当封存着各种环境危机的潘多拉魔盒被打开，明天还会发生更糟糕的事情吗？看似独立的自然灾害和气象灾害，却有着内在的联系。这更加印证了我此前气候行动的意义，消融的冰川真的与我们息息相关。

2021年，联合国政府间气候变化专门委员会（IPCC）《气候变化2021：自然科学基础》报告指出，目前全球地表平均温度已经比工业化前高出约1.1摄氏度。如果全球升温1.5摄氏度，一波波热浪将强势来袭，暖季将延长，冷季将缩短。而当全球升温2摄氏度时，极端高温或极度寒冷事件会更频繁地出现，强降水和强热带气旋出现的频率也会增加。

1.5摄氏度、2摄氏度，这样的数值乍听起来并不多。有人可能会想，如果室外温度太高，那么只要躲进房间里，降低室内空调的温度不就行了吗？可实际上，全球变暖改变的不仅仅是温度，而是地球的整体环境，可谓牵一发而动全身。比如，很多地区会出现更强的降水或干旱，海水会变暖和酸化，冰川、冻土等会加速融化，所有生物都将面临严峻的生存威胁。我们可以捂住眼睛，但无法改变气候变暖的事实。

从南极归来，有人说我是英雄，我却不这么认为，反而觉得自己很渺小。人一定要保持着对自然的敬畏，也要为了保护自然而付诸行动。明明我们今天还有机会扭转局面，不要等到未来灾难来临才后知后觉，悔不当初。无论现在的行动是大是小，都能向自然奉上我们的诚意。

虽然不是每个人都有机会像我一样去南极探险，但每个人都可以制定属于自己的气候行动。我是科学探险者，在用科学探险的方式应对气候变化，而从事不同职业、有不同兴趣爱好的人也可以找到自己独有的应对方式，艺术家可以通过音乐、绘画等艺术作品来表达对气候和环境的关心，企业家可以选择环保材料生产商品，建筑师可以设计更加低碳节能的房子，诸如此类。

作为普通人，低碳生活是我们每个人最有效、最简单的气候行动。我也与妻子和孩子一起制定了环保之家的原则，比如不点外卖，循环利用每一件物品以减少不需要的浪费，等等。

气候行动指南

气候行动的关键在于主动建立与自然的联系。

希望你们可以多多走进自然，增加户外活动的时间，体会它带给你们的乐趣与震撼，从而发自内心地爱护地球母亲。

衣： 我们平时购买的衣服很多都由石油化工原料合成，制作过程中会消耗大量能源并排放很多温室气体。

今后的行动： 把自己看作大自然的一分子，而不是消费者。理性消费，不购买过多衣物，并且尽量选购有环保面料标签的衣物。

食： 食品也有低碳和高碳之分。低碳食品在生产和消费过程中（包括加工和运输）耗能较低，二氧化碳等温室气体排放较少，反之就是高碳食品。以肉类为例，相对而言，红肉（牛肉、羊肉、猪肉等）是高碳食品，白肉（鱼肉和家禽肉等）是低碳食品。

今后的行动： 不浪费食物，少吃红肉，尽量选购应季和本地的农产品，支持带有生态标签的食品。

住： 现代生活离不开各种电器，可是空调、冰箱、洗衣机等运转起来都会消耗能源，排放温室气体。选择低能耗的产品，或许在购买时价格要高一些，但连续使用几年后，它节省的电费远低于高能耗的产品，既省钱又低碳。

今后的行动： 选择带有节能标识的电器；随手关闭电源；夏天把空调的温度调高1摄氏度；睡前给空调定时，不开一整晚。

行： 二氧化碳等温室气体的一大来源就是汽车尾气。随着机动车行业的飞速发展，机动车的生产量和使用量急剧增长，由汽车尾气造成的环境污染已经相当严重。如果每个拥有私家车的家庭都能做到每周少开一天车，那么每年减少的二氧化碳排放量将是不可估算的。

今后的行动： 购买私家车时选择油耗低、排放量小的环保汽车；日常出行尽量选择公共交通，既可以缓解交通拥堵，也可以减少碳排放。

与冰川的百年之约

虽然已经完成了地球三极的科学探险，我和我的团队（极地未来）依然继续着我们的气候行动——抢救性地保护更多冰川。

冰川内具有显著的层理结构，就像一本厚重的历史书，里面记录了各种宝贵的信息。如果从冰川中钻取出冰芯，并针对冰芯进行科学研究，破解其中隐藏的"密码"，我们就能了解地球不同时期的生物活动、火山活动、植被演替等情况，还可以判断人类活动对气候及环境的影响。

然而，随着气候变暖日趋加剧，这颗星球上的所有冰川都在走向消亡。我们的余生将会目睹无数的冰川、海冰、冻土、积雪从地球上消逝。冰川在特定条件下经过漫长的岁月才能形成，一旦消失就无法恢复。在过去的50年里，我国有15%的冰川已经消失，预计在10年后，海拔6000米以下将没有适合钻取冰芯的冰川。届时，蕴藏在冰川里数百万年的地球气候"记忆"也将被一同抹去，且不可逆转。为此，我和我的团队共同发起了"冰川记忆"科考项目，希望尽可能地采集我国中低纬度核心区域冰川的冰芯。

我们已于2020年10月参与完成三江源阿尼玛卿冰川科考，于2021年11月完成西藏羌塘冰川科考。在羌塘2号冰川，我们钻取了总长度超过300米的冰芯。这些冰芯一部分会用于科学研究，另一部分将运往南极储存起来，留给100年后的科学家，相信他们能以更先进的方式利用冰芯，从而破解地球的气候秘密。

捧起晶莹剔透的冰芯，我想起了那个在南极踽踽独行的自己。当人在一片混沌的风雪中行走，迷失了方向，只有行动起来直面挑战，一步一步向前走，才能重新找到信心。

与独步南极不同，我希望未来在气候行动的道路上有更多同路人。

冰川中的冰层纹理

从羌塘 2 号冰川上钻取的冰芯

不要小看每一个微小的行动，如果每个人都能为保护自然做些力所能及的小事，将会给世界带来巨大的改变。现下，我们的每一次行动和选择，都决定了我们会拥有怎样的未来。

　　合上这本书后，请大家跟我一起为改善气候而努力行动起来吧！